David Fiorucci, Thomas Nast

Leader für eine nachhaltige Wirtschaft

David Fiorucci
Thomas Nast

LEADER

für eine nachhaltige Wirtschaft

Stämpfli Verlag

Impressum

Bibliografische Information der Deutschen Nationalbibliothek: www.dnb.de.

Lektorat	Benita Schnidrig, Stämpfli Verlag AG, Bern
Gestaltung	Stephan Cuber, diaphan gestaltung, Bern
Umschlag	total italic, Thierry Wijnberg, Amsterdam/Berlin
Illustrationen	David Fiorucci und Sara C. Baltazar de Matos

ISBN 978-3-7272-1466-0

Inhalt

LP^3 Leadership für eine nach haltige Wirtschaft

Kann eine Einzelperson dazu beitragen, dass die Welt besser wird? Können Sie zu einer besseren Welt beitragen? Haben Sie sich diese Frage schon gestellt?

Mich beschäftigt sie seit Jahren, und wenn ich meine Kinder, unsere Welt und unsere Wirtschaft betrachte, komme ich zum Schluss, dass ich nicht nur dazu beitragen kann, sondern dazu beitragen muss.

Also habe ich mich auf die Suche nach einem einfachen, relevanten und für alle einleuchtenden Zugang gemacht. Meine Begegnungen mit inspirierenden Persönlichkeiten, meine Erfahrungen und Recherchen machten mich mit mehr oder weniger begründeten oder validierten Studien und vielen Wirtschaftsmodellen bekannt. Ausnahmslos alle kämpften mit einem grundlegenden Problem. Keines der Modelle war vom Verwaltungsratspräsidenten eines Konzerns über den KMU-Chef bis hin zu den Mitarbeiterinnen und Arbeitern allen zugänglich. Überdies liess sich keiner der Ansätze auf allen Ebenen und in allen Bereichen einsetzen.

Dabei war ich überzeugt, dass der Kern von Leadership, sein Wesen, überall, in allen Arten von Unternehmen und in allen Bereichen derselbe ist.

Deshalb habe ich inzwischen mehr als 5000 Mitarbeiterinnen und Mitarbeiter unterschiedlicher Firmen, in verschiedenen Ländern und in vier Sprachregionen gefragt: «Was macht eine gute Chefin oder einen guten Chef aus, und was erwarten Sie von ihr oder ihm?» Auf den Antworten basiert das Leadership-Modell. Eigentlich sind daraus drei Modelle entstanden: LP^3 Leader, LP^3 Team und LP^3 Partner, denn die Antworten haben auch viel darüber ausgesagt, was ein gutes Team und was einen guten Partner ausmacht. In diesem Buch geht es um das grundle-

Ich will Leader aufbauen, die ein Minimum an Kollateralschäden verursachen und sich ihrer Wirkung bewusst sind.

David Fiorucci

gende Modell LP^3 Leader. Beim Lesen werden Sie entdecken, dass dieses Modell sowohl im Beruf als auch im persönlichen Umfeld greift.

Mit LP^3 schaffen Sie einen Rahmen, in dem sich Ihre Mitarbeitenden und die Ihnen Nahestehenden wohl fühlen. Einen Rahmen, in dem Sie Ihren Einfluss und die Interaktionen der verschiedenen Elemente besser verstehen, die aus einem Menschen einen guten Chef oder eine gute Chefin machen.

Gute Reise! Überraschende Entdeckungen! Viel Erfolg!

David Fiorucci, im November 2015

Weshalb braucht es LP³ Leadership

In den letzten Jahren wurden über 3000 Bücher und Fachartikel zum Thema Leadership veröffentlicht.

Ob es sich um private oder öffentliche Einrichtungen, Universitäten, Hochschulen oder Beratungsunternehmen handelt: Alle definieren ihr eigenes Modell oder versuchen, Altbekanntes in einem neuen Kleid zu verkaufen.

Leider kennen und verstehen in Unternehmen oft nur die oberen Etagen, sprich der CEO, die Geschäftsleitung und bestimmte Mitglieder des Kaders, die Modelle und Theorien. Normalerweise sind die Modelle nur sehr schwierig im ganzen Unternehmen umzusetzen. Es fehlt an pragmatischen Lösungen, oder es können nur gewisse Teile des Modells bis auf die Basis heruntergebrochen werden.

Das LP³-Modell ist das Ergebnis von über 20-jähriger Führungserfahrung in verschiedenen europäischen Unternehmen. Es wurde von David Fiorucci entwickelt und im Jahr 2009 im Rahmen seiner Masterarbeit in Unternehmensführung und Personalentwicklung veröffentlicht. David Fioruccis Vision ist eine Leadership für eine nachhaltige Wirtschaft. Eine Wirtschaft, die heute an das Morgen denkt. Um dies umzusetzen, benötigen wir inspirierte, lebendige Menschen. Führungspersönlichkeiten, die ihre Mitarbeitenden zu mitdenkenden und verantwortungsvoll handelnden Menschen entwickeln.

LP³ Leadership bedeutet also:

Menschen so führen, dass diese nachhaltig wirtschaften

die Fähigkeiten von Menschen so entwickeln, dass sie sich als ein Teil des Ganzen wahrnehmen und entsprechend handeln

Menschen fördern, die der Mitwelt mit Vertrauen, Respekt und Weitsicht begegnen

Dazu braucht es eine gemeinsame Sprache und ein gemeinsames Verständnis von Leadership. LP³ Leadership ist das einfache und verständliche Modell dazu. Als integrierendes Referenzmodell steht es in keiner Weise in Konkurrenz zu anderen Modellen. Vielmehr lassen sich die meisten anderen Modelle in LP³ integrieren, was ihnen zusätzliche Kohärenz und Leistungsstärke verleiht. LP³ nutzt das Vorwissen aus verschiedenen Wissensrichtungen und übersetzt dieses in eine gemeinsame Leadership-Sprache. Es ist modular aufgebaut und so einfach erlernbar.

Was heisst LP³?

L steht für Leadership, P für Potential, für Power und für Performance.

Potential heisst, dass Sie erkennen, was in Ihnen und in anderen angelegt ist. Sie entdecken und leben Ihre Ressourcen und Ihre Fähigkeiten.

Power heisst, dass Sie Ihr Potential dazu nutzen, um auf sich selbst und andere Einfluss auszuüben. Sie entwickeln sich selbst, Ihre Mitmenschen und Ihre Mitarbeitenden.

Ihre eigene Leistung und Zufriedenheit, die Performance Ihres Teams, Ihrer Abteilung, Ihres Unternehmens werden dank der Power verbessert, die das Freisetzen der Potentiale mit sich bringt.

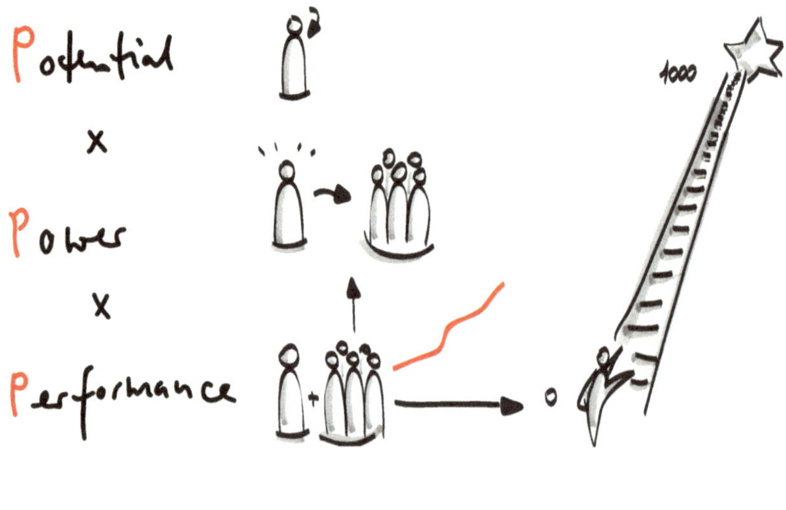

LP³ Leadership basiert auf folgenden Dimensionen: Vision, Werte, Vorbild, Präsenz, Entwicklung und Führung, Kommunikation, Gerechtigkeit, Fachkompetenz sowie Organisation. Eine Person, welche die drei P und die Leadership-Dimensionen beherrscht, kreiert automatisch ein Umfeld, in dem sich die Mitarbeitenden wohl fühlen.

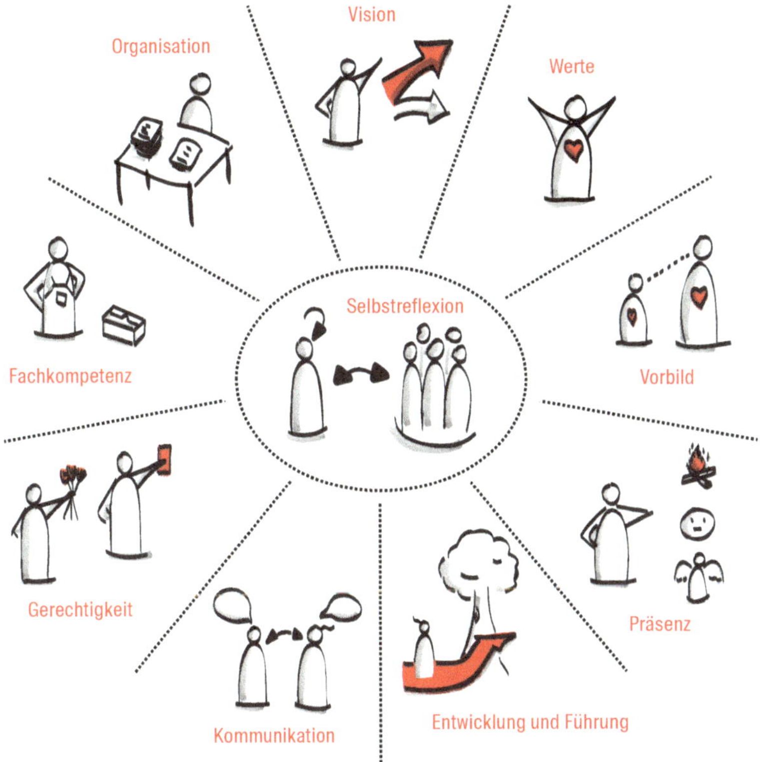

Die Dimensionen bilden einen Kreis um die Selbstreflexion. Sie ist die Königsdisziplin für die neun Leadership-Dimensionen und bedient sich jeweils folgender Schlüsselfragen:

- Kenne ich mich?
- Höre ich auf mich?
- Mag ich mich?

Sie werden staunen, wie kraftvoll diese Fragestellungen sind und wie zielführend die Antworten, die man erhält.

Mit diesem ersten Leadership-Buch geht es uns darum, Individuen zu fördern. Eine Person, die die drei P und die Dimensionen beherrscht, nicht zuletzt dank der Fähigkeit zur Selbstreflexion, baut ein Fundament des Vertrauens und der Sicherheit auf. Die Folge ist: Die Mitarbeitenden engagieren sich und erbringen gute Leistungen.

Gerne führe ich Sie durch alle Leadership-Dimensionen. Ich wünsche Ihnen beim Studium von LP^3 Leadership viel Vergnügen!

Thomas Nast, im November 2015

PS: Das Modell kann sowohl auf individueller Ebene zur persönlichen Entwicklung als auch auf Team- oder Unternehmensebene verwendet werden. Die mit dem Modell verbundenen spezifischen Kompetenzen können von lizenzierten Partnerausbildern erworben werden. Für die Verwendung des LP^3-Modells und der dazugehörenden Methoden, Tools und Unterlagen wird ebenfalls eine Lizenz vorausgesetzt.

Dimension | Selbstreflexion

SELBSTREFLEXION ist das Vermögen, das eigene Verhalten möglichst neutral wahrzunehmen und zu analysieren. Man stellt sich «neben sich selbst», um sich wie jemand anderes zu beobachten.

Mit Selbstreflexion macht man sich auf den Weg, um sich selbst und die eigene Wirkung besser zu verstehen und bei Bedarf Verhaltensänderungen zu initiieren. Dies beruht auf der Einsicht, dass man ausschliesslich sich selbst ändern kann.

Die Leadership-Schlüsselkompetenz Selbstreflexion liegt im Herzen der Leadership-Dimensionen, sie ist die alle Dimensionen zusammenhaltende Grösse. Die neun Leadership-Dimensionen sind ohne Selbstreflexion nicht denkbar, jede ist nur dank der Fähigkeit dazu überprüfbar. Innerhalb der Dimensionen gibt es keine Priorisierung. Sie sind alle gleich wichtig. Es gibt auch keinen Anfang und kein Ende, denn Leadership dauert lebenslang. Leadership ist ein Weg.

Gute Führungskräfte kennen sich selbst und die eigene Wirkung auf andere. Selbstreflexion ist eine Selbstverständlichkeit für sie.
David Fiorucci

Selbstreflexion als Herzstück von LP³

Folgende Fragen zu den Leadership-Dimensionen unterstreichen die Bedeutung der Selbstreflexion:

- **Vision:** Welche motivierenden Erfahrungen haben Sie mit positiven Zukunftsbildern gemacht, und kennen Sie Ihr Potential, um eine Vision zu entwickeln (privat und/oder geschäftlich)?
- **Werte:** Welche Werte standen bei der letzten wichtigen Entscheidung, die Sie getroffen haben, im Vordergrund?
- **Vorbild:** Woran genau stellen Sie fest, dass Sie in Ihrer Umgebung als Vorbild wirken?
- **Präsenz:** Wann fällt es Ihnen schwer, Ihrem Gesprächspartner die volle Aufmerksamkeit zu widmen?
- **Entwicklung und Führung:** Welche Elemente der Mitarbeiterentwicklung beherrschen Sie? Wo haben Sie noch Potential?
- **Kommunikation:** Erkennen Sie Ihre kommunikativen Fähigkeiten richtig?
- **Gerechtigkeit:** Wie können Sie positiv auf das Gerechtigkeitsempfinden in Ihrer Umgebung einwirken?
- **Fachkompetenz:** Wie fühlen Sie sich, wenn Mitarbeitende die besseren Experten sind?
- **Organisation:** Wann haben Sie das letzte Mal delegiert, um gezielt die Entwicklung eines Mitarbeitenden zu fördern? Wie war die Wirkung?

Diese neun Fragen lassen sich dank Ihrer Fähigkeit zur Selbstreflexion beantworten. Wenn Sie sich nicht sicher sind, fragen Sie vertraute Menschen Ihrer Umgebung nach deren Meinung. Das Fremdbild, das Ihnen diese vermitteln, hilft Ihnen bei der Definition Ihres eigenen Selbstbildes. Sind Selbstbild und Fremdbild nicht deckungsgleich, überprüfen Sie beide Wahrnehmungen, diejenige aus Ihrem Umfeld und Ihre eigene. Lassen Sie sich Zeit damit. Holen Sie sich zusätzliche Aussenmeinungen, bevor Sie sich für die eine und gegen die andere entscheiden. Mit der Zeit entsteht eine Sicherheit in Bezug darauf, wer Sie sind und welches Bild Sie von sich geben.

- Wann haben Sie sich das letzte Mal bewusst Gedanken zu sich selbst gemacht?
- Was benötigen Sie, damit Sie sich selbst bewusst beobachten können?

Die Selbsterkenntnis hat in der westlichen Zivilisation seit je eine grosse Bedeutung: Der Wahlspruch «Erkenne dich selbst» schmückte den Eingang des antiken Apollontempels zu Delphi. Die Aussage wurde Thales, Heraklit oder den sogenannten Sieben Weisen zugeschrieben. Sokrates meinte, dass Selbsterkenntnis notwendig sei als Bedingung für Sittlichkeit.

Kollegiale Fallberatung

Kollegiale Fallberatung (KFB) ist ein systematischer Beratungsprozess in einer Gruppe nach Harry Norman.

Nach einer vorgegebenen Struktur und mit definierten Rollen wird über berufliche (und private) Fragen reflektiert, und es werden zu Schlüsselthemen gemeinsam Lösungen entwickelt.

KFB-Gruppen sind Laboratorien der lernenden Organisation. Lösungen, die so erarbeitet werden

- passen zur Organisation
- nutzen des Potential der Organisation
- vermehren das Wissen von und in der Organisation
- schaffen Verständnis für die unterschiedlichen Bedürfnisse und Abhängigkeiten

Die relevanten Fragen in der gegenseitigen Beratung lauten:

- Wie fühle ich mich? Was sind meine Gefühle in Bezug auf die Situation? Diese Frage, symbolisiert mit dem Herz in der Mitte, steht über allem. Man kann sie sich immer wieder stellen.
- Welches sind die wichtigsten Etappen/Ereignisse des Falles? Hierbei geht es um die Geschichte (oben links).
- In welchem Umfeld findet der Fall statt, wie ist die Organisation oder die Struktur? (oben rechts)
- Wie sind die Beziehungen der beteiligten Personen untereinander? (unten links)
- Welchen Spielraum (Circle of Influence) habe ich in der Situation? (unten rechts)

Die Qualität der Fragen, die wir uns stellen, bestimmt die Qualität unseres Lebens.
Anthony Robbins

Wie im Coaching geht es in der kollegialen Fallberatung darum, einander die richtigen Fragen zu stellen, also solche, die die Sache, die Situation und die Personen beinhalten. Beispielsweise äussert ein Mitarbeiter über seinen Vorgesetzten: «Ich habe einen besonders schwierigen Chef!» Dieser Satz sagt nicht viel aus, denn Sie wissen nicht, was der Mitarbeiter sich unter einem schwierigen Vorgesetzten vorstellt. Welche Erfahrungen hat er mit ihm gemacht? Ihre richtige Rückfrage lautet in diesem Fall: «Was ist denn besonders schwierig am Verhalten Ihres Chefs?»

Wird die kollegiale Fallberatung angewendet, gilt es, einige Spielregeln und Abläufe einzuhalten:

Präsentieren: Nur der Fallgeber spricht.

Klären: Die Teammitglieder stellen reihum jeweils nur eine Frage, die vom Fallgeber beantwortet wird, dann eventuell noch eine Folgefrage. Danach warten sie, bis sie wieder an der Reihe sind.

Bestärken: Die Teammitglieder sprechen in freier Reihenfolge. Sie äussern, was sie an der Fallgeberin und ihrem Verhalten in der beschriebenen Situation am meisten beeindruckt. Der Fallgeber bleibt still.

Reflektieren: Die Teammitglieder äussern ihre Gedanken und Bilder zur Fragestellung des Fallgebers im Sinne einer Ideenbörse. Die Teammitglieder sprechen reihum nacheinander. Sie äussern nur eine Aussage pro Mal. Der Fallgeber bleibt still (wenn die Aussagen wiederholt auf einem Missverständnis basieren, kann der Fallgeber das kurz klarstellen).

Abschliessen: Der Fallgeber reagiert kurz auf die gemachten Reflexionen: Was erscheint anwendbar? Was könnte am ehesten konkret umgesetzt werden? Nur der Fallgeber spricht.

Folgende Fragen zur Selbstreflexion können Sie sich in Bezug auf kollegiale Fallberatung stellen:

Mit wem möchten Sie die kollegiale Fallberatung erlernen/betreiben?

Wann ist der ideale Zeitpunkt, dies zu tun?

Wie organisieren Sie sich, damit Sie damit starten können?

Coaching mit dem Modell Grow

Grow stand am Anfang der Coaching-Bewegung. Es wurde bereits 1979 entwickelt. Sowohl Graham Alexander, Alan Fine als auch Sir John Whitmore erheben Anspruch auf die Urheberschaft.

Coaching fördert die Selbstreflexion, die Selbstwahrnehmung, die Verantwortung und stärkt das Bewusstsein. Coaching-Ziele müssen durch Anpassungen im eigenen Verhalten beeinflussbar sein. In der Rolle als Coach stellen Sie Fragen zu folgenden Aspekten:

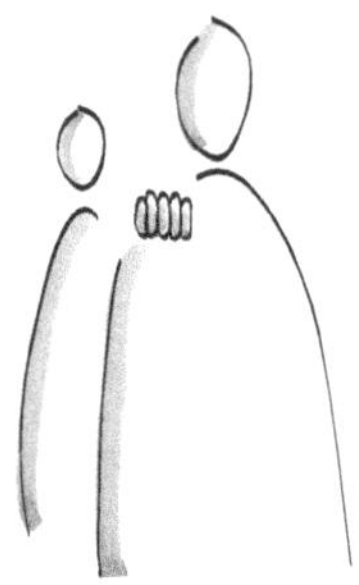

Goals: Sowohl kurz- als auch langfristige Ziele des Coachings werden festgelegt. Dabei ist es wichtig, dass diese vom Gecoachten auch wirklich beeinflusst werden können.

Reality: Prüfen Sie die aktuelle Situation. Stellt sie sich wirklich so dar, wie sie der Gecoachte wahrnimmt? Zielführende Fragen sind «Was wurde konkret unternommen?» oder «Welche Ergebnisse hat Ihre Intervention gebracht?».

Options: Welche alternativen Strategien und Handlungsabläufe gibt es? Bieten Sie «Hilfe zur Selbsthilfe» an, wenn es um alternative Strategien geht. Der Gecoachte findet solche Handlungsabläufe idealerweise selbst (mit Hilfe Ihrer Fragen). Vermeiden Sie, dass der Gecoachte selbstbeschränkende Vorannahmen trifft wie «das ist zu teuer», «das kann ich nicht» oder «dafür habe ich keine Zeit».

Will: Bringt der Gecoachte den Willen auf, etwas mit fester Absicht zu tun oder zu einem Abschluss zu bringen? In dieser Phase werden Entscheidungen getroffen. Fragen wie «Was werden Sie bis wann tun?», «Welche Unterstützung werden Sie brauchen?» oder «Auf welche Hindernisse werden Sie stossen?» helfen dabei.

Dies sind die zielführenden Fragen, um Ihr Potential, Ihre Power und Ihre Performance in Bezug auf Ihre Selbstreflexion zu hinterfragen und zu verstehen:

Was gibt Ihnen Kraft? Was nimmt Ihnen Kraft?

Wo setzen Sie Ihre Energie, Ihre Aufmerksamkeit ein? Welche Wirkung erzielen Sie damit?

Welche Key Performance Indicators stehen mit der Selbstreflexion in Zusammenhang? Als Key Performance Indicators werden in Unternehmungen sogenannte Schlüsselkennzahlen bezeichnet, welche die unternehmerischen Leistungen wiedergeben. Als KPI bezeichnet man alle betrieblichen Kenngrössen, die den Einfluss auf Erfolg oder Misserfolg abbilden. Wenn möglichst alle im Unternehmen ablaufenden Prozesse bewertet werden, kann bei Abweichungen von den vorgegebenen Zielen eingegriffen werden. Auf welche Kennzahlen hat die Selbstreflexion von Vorgesetzten also einen Einfluss? Auf die Kundenzufriedenheit und den Umsatz? Auf die Mitarbeiterzufriedenheit und die Personalfluktuation? Gewiss!

Diese Kennzahlen werden mittels Balanced Scorecard (siehe auch S. 135) instrumentalisiert. Es werden nicht nur Ziele vorgegeben, sondern es wird auch mittels Steuergrössen überprüft, ob sie realisiert wurden. So können Abweichungen rechtzeitig beobachtet werden, und die Unternehmung ist in der Lage, ihre Zielsetzung anzupassen.

Folgende Aussagen helfen Ihnen bei der Selbstreflexion:

Ich kenne meine eigenen Grenzen.

Ich höre auf mich und meinen Körper.

Ich bin selbstbewusst und mag mich so, wie ich bin.

Selbstreflexion einmal anders

Zwiegespräche führen

Eine gute Methode, um sich selbst zu reflektieren, stammt vom Psychoanalytiker Michael Lukas Moeller. Dabei unterstützt sich ein Paar gegenseitig beim Reflektieren und führt ein Zwiegespräch. So geht's:

Zwei Menschen, die sich wirklich gut kennen, nehmen sich einen Abend lang Zeit. Einer von beiden beginnt zu sprechen. Er darf nicht unterbrochen werden, derjenige, der zuhört, darf auf keinen Fall etwas sagen. Derjenige, der spricht, tut dies 45 Minuten lang. Hiermit haben Sie – vielleicht zum ersten Mal in Ihrem Leben – die Gelegenheit, ohne unterbrochen zu werden 45 Minuten lang zu sprechen. Als Sprechender monologisieren Sie. Sie sprechen über alles, was Ihnen in den Sinn kommt. Da gibt es keine Regeln und kein Tabu. Vermutlich fällt es einer Frau vordergründig leichter, lange zu sprechen. Zumindest lautet so das gängige Klischee. Aber auch Männer können lange reden. Vielleicht haben Sie nach 20 Minuten alles gesagt, was es zu sagen gibt. Denken Sie. Schweigen Sie eine Weile. Schweigen gehört auch dazu. Aber verschweigen Sie nichts. Sobald Ihnen wieder etwas in den Sinn kommt, sprechen Sie einfach weiter. Spannend ist, dass Sie Ihren Monolog nach einer Schweigepause fast immer an «tieferer» Stelle weiterführen werden. Was Sie jetzt zu sagen haben, hat mehr Gehalt, ist gründlicher, und es wird persönlicher. Nach jeder Pause stellen Sie mit Erstaunen fest, was Sie alles zu erzählen haben, wenn da endlich jemand ist, der Ihnen mit voller Aufmerksamkeit zuhört.

Wer in den Spiegel des Wassers blickt, sieht allerdings zunächst sein eigenes Bild. Wer zu sich selber geht, riskiert die Begegnung mit sich selbst.

Carl Gustav Jung

Die zweite Person hört aktiv zu. Nach Abschluss des Monologes sollte Sie nicht sofort zu sprechen beginnen. Machen Sie eine ausgiebige Pause. Kochen Sie gemeinsam. Gehen Sie spazieren. Wichtig ist, dass Sie nicht darüber sprechen, was in den ersten 45 Minuten passiert ist, was Sie gehört beziehungsweise gesprochen haben.

Nun spricht beziehungsweise monologisiert die zweite Person 45 Minuten lang. Dass Sie als Zweiter hin und wieder Bezug zum Gesagten des Vorredners herstellt, darf sein. Aber versuchen Sie dies nicht zu übertreiben, und klagen Sie nicht.

Lassen Sie im Anschluss das Gesagte beziehungsweise Gehörte stehen, und nehmen Sie es bei Bedarf erst am nächsten Tag wieder auf. Sie werden mit Sicherheit von Ihrer Partnerin oder von Ihrem Partner Dinge gehört haben, die neu sind, die Sie so noch nie gehört haben. Sie haben ja auch noch nie 45 Minuten lang zugehört, ohne zu unterbrechen. Wenn Sie das Zwiegespräch zu einem späteren Zeitpunkt wiederholen, beginnt selbstverständlich derjenige, der beim vorderen Zwiegespräch zuerst zugehört hatte.

Achtsamkeit

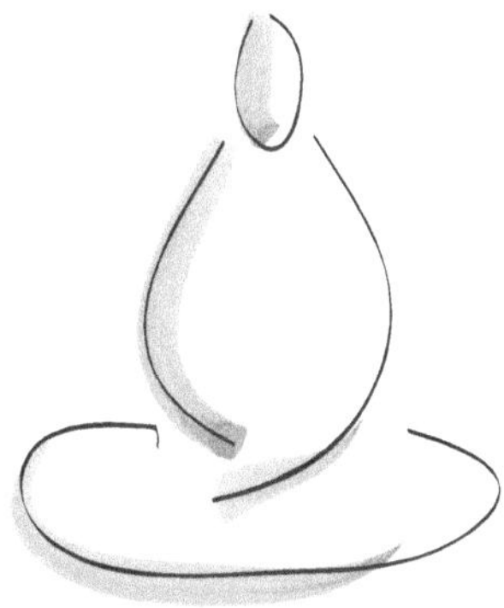

Achtsamkeit beinhaltet eine bestimmte innere Haltung:

- nicht werten
- Anfängergeist bewahren
- nicht nach etwas streben
- loslassen können
- sich in Geduld üben
- Vertrauen entwickeln

Das Wahrnehmen des gegenwärtigen Augenblickes – des Hier und Jetzt – erhöht die Fähigkeit zur Achtsamkeit. Mit all Ihren Gedanken, Gefühlen und Handlungen befinden Sie sich in der gegenwärtigen Situation. So können Sie jeden Augenblick zu etwas ganz Besonderem gestalten. Bewusste Atmung wirkt dabei unterstützend.

Machen Sie folgende Übung. Spüren Sie, wie beim Einatmen die Luft in Ihren Körper strömt, Ihre Bauchdecke sich hebt und der Atem sich in Ihrem Körper ausdehnt. Lassen Sie die Atemluft ohne Anstrengung ganz in Bauch und Becken hineinströmen. Beim Ausatmen spüren Sie, wie die Luft, vom Körper erwärmt, wieder hinausfliesst und Ihre Bauchdecke sich senkt. Gedanken, die auftauchen, lassen Sie wie Wolken am Himmel vorbeiziehen. Sie nehmen sie wahr, ohne sie zu bewerten und festzuhalten. Lassen Sie sie fliessen, und nehmen Sie sich Zeit.

Um Ihr persönliches Potential und dasjenige Ihrer Mitarbeitenden für Selbstreflexion zu entfalten, helfen einige bekannte Tools.

Kollegiale Fallberatung (KFB) nach Harry Norman, wie auf Seite 17 ff. beschrieben.

Meditationstechniken: Durch Achtsamkeits- oder Konzentrationsübungen beruhigt sich der Geist, und das Herz wird still. In östlichen Kulturen gilt Meditation als eine grundlegende und zentrale bewusstseinserweiternde Übung. Die angestrebten Bewusstseinszustände werden, je nach Tradition, unterschiedlich und oft mit Begriffen wie Stille, Leere, Eins-Sein, Im-Hier-und-Jetzt-Sein oder Frei-von-Gedanken-Sein beschrieben. Man kann die Meditationstechniken grob in zwei Gruppen einteilen: in die passive (kontemplative) Meditation, die im stillen Sitzen praktiziert wird, und die aktive Meditation, bei der körperliche Bewegung, achtsames Handeln oder lautes Rezitieren zur Meditationspraxis gehören.

Achtsamkeitsmeditation nach Jon Kabat-Zinn, um besser mit Stress, Angst und Krankheiten umgehen zu können.

Das **Persönlichkeitsmodell Integrative Body Psychotherapy IBP** nach Jack Lee Rosenberg besteht aus vier konzentrischen Kreisen. Rosenberg fasst das ganze Konzept wie folgt zusammen: Das Selbst ist, wer du wirklich bist. Das Ursprungsszenario ist, was dir als Kind passiert ist. Der Charakterstil ist, wie du versuchst, mit dem umzugehen, was dir als Kind passiert ist. Agency ist, wie du als Kind versucht hast, zu dem zu kommen, was du gebraucht hast. Der Charakter-/Schutzstil versucht demzufolge zu verhindern, durch Agency versucht man zu bekommen.

Körperkoordinationslehren wie **Feldenkrais, Alexander-Technik** und/oder **Spiraldynamik.**

Nia ist ein Tanz und wurde 1983 von Debbie und Carlos Rosas, Portland/Oregon, USA, gegründet. Der Körper zeigt den Weg des Körpers. Mit Nia pflegt man die Gesundheit, die Fitness und das Wohlbefinden, indem es Freude anstelle von Schmerz setzt. Dank Nia hört der Anwender auf die «Körperstimme», und «Empfinden» wird durch das Nutzen der Gabe unserer Sinne bewusst. Nia stärkt die Art und Weise, im eigenen Körper zu sein und zu leben.

Yoga, wie er im Westen gelehrt wird, beruht auf einer modernen Form, die ab Mitte des 19. Jahrhunderts entstanden ist. In der Zwischenzeit ist der westliche Yoga von esoterischen Ideen entrümpelt worden. Der traditionelle, indische Yoga enthält viel komplexere Lehren und Praktiken als die modernen, westlichen Formen. Yogaübungen verfolgen heute zumeist einen ganzheitlichen Ansatz, der Körper, Geist und Seele in Einklang bringen soll. Angestrebt wird eine verbesserte Vitalität und gleichzeitig eine Haltung der inneren Gelassenheit.
Friedvolle «Kampfsportarten» wie **Aikido, Tai Chi, Chi Gong.**
Ein **Coaching** hilft Ihnen dabei, sich selbst besser kennenzulernen, und ist gleichzeitig ein spannender Aussenspiegel.

Selbstreflexion schlicht und einfach

Selbstreflexion ist die Fähigkeit eines Menschen, über sich selbst nachzudenken und sich dabei zu erkennen. Dabei geht es um das kritische Hinterfragen des eigenen Denkens, Fühlens und des eigenen Handelns. Grundlage für die Selbstreflexion ist die Annahme, dass wir über ein Bewusstsein des eigenen Ich verfügen, das sich beobachten lässt. Durch Selbstreflexion versuchen Sie sich und Ihre Wirkung auf andere besser zu verstehen. Dank Selbstreflexion können Sie bei Bedarf Verhaltensänderungen in Angriff nehmen. Es ist dabei auch relevant, auf die Grenzen der Selbstreflexion zu achten, da eine übermässige Anwendung zu einer ungesunden Fokussierung auf Probleme (statt auf deren Lösung) führen kann. Geringe Fähigkeiten der Selbstreflexion können zu Selbstüberschätzung oder Selbstunterschätzung führen.

Das Einzige, was uns in unserem Elend tröstet, ist die Zerstreuung, und dabei ist sie die Spitze unseres Elends, denn sie ist es, die uns grundsätzlich hindert, über uns selbst nachzudenken, die uns unmerklich verkommen lässt. Sonst würden wir uns langweilen, und diese Langeweile würde uns antreiben, ein besseres Mittel zu suchen, um sie zu überwinden. Die Zerstreuungen aber vergnügen uns und geleiten uns unmerklich bis zum Tode.

Blaise Pascal

Kenne ich mich und meine Stärken und Schwächen? Bin ich im Frieden mit mir selbst? Bin ich ausgeglichen? Wann habe ich mich zuletzt in Frage gestellt?

Höre ich auf mich? Höre ich auch auf andere, wenn Sie mich in Frage stellen? Prüfe ich beide Meinungen, diejenige, die mich mit Kritik «beschenkt», und meine eigene? Bin ich bereit, mein Verhalten anzupassen, wenn mich die Einsicht dazu auffordert?

Mag ich mich? Fragen Sie sich nicht mehr und nicht weniger: Mag ich mich wirklich?

Zwei kleine Selbstreflexion-Geschichten ...

Zwei Wölfe ...
Ein alter Indianer sass mit seinem Enkelsohn am Lagerfeuer. Die Nacht hatte sich über das Land gesenkt, und das Feuer knackte und krachte, während die Flammen hoch hinaus in den Himmel züngelten.

Nach einer langen Weile des Schweigens sagte der Alte zu seinem Enkel: «Weisst du, manchmal fühle ich mich, als wenn zwei Wölfe in meinem Herzen miteinander kämpfen würden. Einer der beiden ist rachsüchtig, aggressiv und grausam. Der andere hingegen ist liebevoll, sanft und mitfühlend.»

«Welcher der beiden wird den Kampf um dein Herz gewinnen?», fragte der Junge.

«Der Wolf, den ich füttere», antwortete der Alte.

Autor unbekannt

Die drei Siebe des Sokrates

Ganz aufgeregt kam ein Mann zu Sokrates gerannt: «Sokrates, ich muss dir etwas erzählen. Dein Freund …»

Sokrates unterbrach ihn: «Halt!» Der Mann war überrascht.

«Hast du das, was du mir erzählen willst, durch die drei Siebe geschüttet?», fragte Sokrates.

«Drei Siebe?», fragte der Mann verwundert.

«Richtig, drei Siebe! Lass uns prüfen, ob das, was du mir erzählen willst, durch die drei Siebe geht. Das erste Sieb ist die Wahrheit. Ist das wahr, was du mir erzählen willst?»

«Nein, ich habe es selber erzählt bekommen und …»

«Na gut. Aber sicher hast du es mit dem zweiten Sieb geprüft. Das zweite Sieb ist das der Güte. Wenn es schon nicht wahr ist, was du mir erzählen möchtest, ist es wenigstens gut?»

Zögernd antwortete der Mann: «Nein, im Gegenteil …»

«Dann», unterbrach ihn Sokrates, «lass uns auch noch das dritte Sieb anwenden. Ist es wichtig und notwendig, es mir zu erzählen, was dich so aufgeregt sein lässt?»

«Wichtig ist es nicht und notwendig auch nicht unbedingt.»

«Also mein Freund», lächelte Sokrates, «wenn das, was du mir erzählen willst, weder wahr noch gut noch notwendig ist, so lass es lieber sein, und belaste dich und mich nicht damit.»

nach Sokrates

Dimension | Vision

VISION (lat. videre: sehen) bedeutet im umgangssprachlichen Verständnis das aktivkreative Wunschbild eines zu erreichenden Sollzustandes in der Zukunft. In diesem Wortlaut ist die Vision positiv besetzt und wird mit Aktivität und Kreativität in Verbindung gebracht.

Vision als Teil von LP^3

Ein Vorgesetzter hat ein Bild, eine innere Gewissheit darüber, wohin er mit seinem Team gehen will. Im Idealfall weiss er Abkürzungen und erkennt Sackgassen. Dabei geht es nicht so sehr um etwas Abstraktes und Abgehobenes, sondern um etwas Naheliegendes und Offensichtliches. Stellen Sie sich vor, wie Sie mit einem flüchtig bekannten Arbeitskollegen von A nach B fahren. Ihr Bekannter fährt, und Sie sitzen müde auf dem Beifahrersitz. Die Fahrt geht durch Ihnen unbekannte Stadtteile und übers Land. Sie wissen, dass es zirka drei Stunden dauern wird. Ein Blick von Ihnen auf den Benzinstand klärt Sie darüber auf, dass der Tank dreiviertel leer ist. Ihr Bekannter bemerkt den Blick und meint dazu: «Keine Sorge, bald kommen wir auf die Autobahn, und nach ungefähr einer Stunde erreichen wir eine Tankstelle. Von da geht es noch eine Stunde weiter auf der Autobahn. Unmittelbar nach der Autobahnausfahrt wartet ein gemütliches Restaurant auf uns. Passt Ihnen diese Aussicht?»

Sie schmunzeln, bejahen und schlafen beruhigt ein. Ihr Fahrer weiss, wohin er fährt.

Ein Mitarbeiter erwartet von seinem Chef genau dies, dass dieser weiss, wohin die Reise geht, dass er eine Vision hat. Ein Mitarbeiter erwartet auch, dass der Vorgesetzte den Weg zum Ziel kennt. Der Chef soll dabei eine Art Reiseführer für sein Team sein. Je klarer ein Vorgesetzter das Bild der Zukunft entwerfen kann, desto grösser wird dessen Anziehungskraft sein, und die daraus entstehende, ordnende und inspirierende Kraft ist im Alltag fühlbar. Dadurch entsteht Vertrauen. Mitarbeitende wollen wissen, wie sie, ihr Team und die Gesamtunternehmung in fünf, zehn und in fünfzehn Jahren auf dem Markt wahrgenommen werden.

Vielleicht kennen Sie das bekannte Zitat von Antoine de Saint-Exupéry: «Wenn du ein Schiff bauen willst, so trommle nicht Männer zusammen, die Holz beschaffen, Werkzeuge vorbereiten, Holz bearbeiten und zusammenfügen, sondern lehre sie die Sehnsucht nach dem weiten, unendlichen Meer.» Genau auf diese Art und Weise funktionieren Visionen. Sie zeigen Ihnen einen Sollzustand, der auf Sie einwirkt, der Sie anzieht und der Sie all die Dinge tun lässt, die notwendig sind, um irgendwann an Ihrem Ziel anzukommen. Eine Vision ist dabei viel mehr als nur ein Bild, es ist eine gefühlte, zukünftige Realität, die Sie inspiriert und auch an schlechten Tagen motivieren und durchhalten lassen wird.

Sie wirken auf Ihre Mitarbeiter inspirierend, wenn Sie eine Vision in sich tragen und diese glaubwürdig vermitteln können. Dies geht über die Fähigkeit hinaus, Ziele zu vermitteln. Ziele sind in diesem Kontext die Schritte hin zur Verwirklichung Ihrer Vision. Die Vision ist ein inneres Bild, ein Wunschzustand. So wie es die Wikipedia-Gründer ausgedrückt haben: «Stell dir eine Welt vor, in der jeder einzelne Mensch freien Anteil an der Gesamtheit des Wissens hat.»

Ziele sind demnach die Schritte, die man machen muss, um einer Vision näher zu kommen. Management by Objectives ist das anerkannte Mittel, um Ziele für und mit Ihren Mitarbeitern zu definieren. Münden die Ziele der Mitarbeiter deshalb aber in einer Vision?

Es geht darum, eine Vision zu entwickeln und diese glaubwürdig und authentisch zu vermitteln. Wenn Ihre Vision die Kraft hat, Ihre Mitarbeiter zu beflügeln, wirken die drei P.

Dies sind die zielführenden Fragen, um Ihr Potential, Ihre Power und Ihre Performance in Bezug auf Ihre Vision zu hinterfragen und zu verstehen:

Welche motivierenden Erfahrungen haben Sie mit positiven Zukunftsbildern, und kennen Sie Ihr Potential, um eine Vision zu entwickeln (privat und/oder geschäftlich)?

Welche Wirkung zeigt die Vision im Team, und haben Sie sich darin geübt, Ihre Vision einfach und verständlich mitzuteilen?

Welche Key Performance Indicators haben mit der Vision zu tun?

Folgende Aussagen helfen Ihnen bei der Selbstreflexion:

Ich weiss genau, wohin die Reise geht – wohin ich mein Team führen will.

Ich formuliere eine überzeugende Zukunftsvision und vertrete diese gegenüber meinem Team.

Ich habe präzise Etappenziele definiert, um die Vision zu erreichen.

Gegenüber Veränderungen bin ich offen und positiv eingestellt.

Visionen einmal anders

«Wer Visionen hat, sollte lieber gleich zum Arzt gehen», erklärte Helmut Schmidt 1980 im Bundestagswahlkampf. Kommen wir ohne Visionen aus? David Fiorucci machte in einer Weiterbildung 2014 darauf aufmerksam, dass in Frankreich lebende Führungspersönlichkeiten zu den zehn bekannten Leadership-Dimensionen das Charisma als weitere Dimension verlangen und benötigen. Charisma im Sinne von Wirkung erzielen und eine Gefolgschaft ansprechen. Wenn jemand Charisma einsetzt, ist ein Blick auf die Autonomie der Geführten aufschlussreich. Führt das Charisma eines Führers zu mehr oder zu weniger persönlicher Autonomie der Mitarbeitenden? Führen in diesem Zusammenhang Visionen zu mehr oder zu weniger Autonomie der Gefolgsleute?

Es gibt Visionäre, die Gesellschaften verändert haben, andere zeigten auf die Sterne und führten sie auf den Mond.
Thomas Nast

Visionen zu entwickeln, ist nicht eine typische Managerfähigkeit, denn es braucht Intuition und Kreativität, also die Fähigkeiten der rechten Gehirnhemisphäre. Diese sind beim typischen Manager nicht ausgeprägt, sie sind nicht streng rational und nicht logisch. Doch sie können trainiert werden. Das Gegenteil von Analyse ist gefragt.

Die nordamerikanischen Indianer waren bekannt dafür, dass sie sich auf die Suche nach Visionen begeben. In verschiedenen Lebensabschnitten zogen sie sich in die Einsamkeit zurück, um für die kommenden Jahre eine Ausrichtung in sich zu finden. Vorgängig absolvierten sie intensive Reinigungsrituale, zum Beispiel in Schwitzhütten. Weg und Ziel sowohl der Reinigungsrituale als auch des Rückzugs aus dem Alltag war, dass man für einmal die Alltagsrealität verliess und dadurch eine innere und erweiterte Wahrnehmung zuliess. Diese Visionäre nahmen Entbehrungen freiwillig auf sich; sie hungerten, sie dursteten, manche suchten den Schmerz, um die inneren Welten erfolgreich aufspüren zu können.

Auch heute kann man sich zurückziehen, sich besinnen und Erstaunliches auslösen. Wann suchten Sie zuletzt die Einsamkeit auf? Wann liessen Sie zuletzt Ihr Smartphone, Ihren PC, Ihren Fernseher ausgeschaltet? Wann zogen Sie sich zuletzt von Ihrer Familie und Ihren Freunden und Bekannten zurück und stellten sich der Leere, die unweigerlich Platz nimmt, wenn alle Ablenkungen wegfallen? Mit der Leere tauchen Ängste auf, vielleicht überkommt Sie Trauer und eine grosse Einsamkeit, und wenn Sie all diese unangenehmen Gefühle durchleben und aushalten, können irgendwann Bilder, Visionen, in Ihnen auftauchen. Die Indianer glaubten an diese Bilder und folgten Ihnen, wenn Sie zurück in Ihrem Alltag ankamen.

Jedes starke Bild wird Wirklichkeit.
Antoine de Saint-Exupéry

Führungskräfte, Leader sollten, um mit Visionen voranzugehen, eine Vorstellung der Zukunft haben und beinahe hellsichtig künftige Strukturen erfassen und kommende Tendenzen erspüren können. Dabei hilft die Kern-Leadership-Dimension, die Selbstreflexion, weiter. Sie ist die Königsdisziplin sowohl in der Leadership als auch im sonstigen Leben. Wie tief schaut ein Leader? Wie mutig ist er? Der Indianer taucht durch unterschiedlichste, innere Ängste. Er geht durch Trauer und Einsamkeit, um zu seinen Bildern zu gelangen. Wie tief gehen Sie? Sind Sie bereit, bei dieser Introspektion Hilfe anzunehmen?

Manager sind darauf konditioniert, analytisch vorzugehen, sie zerlegen, teilen auf und denken ergebnisorientiert. Leader hingegen denken auch assoziierend, sie sind intuitiv begabt und mutig.

Welche motivierenden Erfahrungen haben Sie mit positiven Zukunftsbildern, und kennen Sie Ihr Potential, um eine Vision zu entwickeln (privat und/oder geschäftlich)?

Wie also entwickeln Sie eine Vision, was brauchen Sie ganz praktisch dazu? Denn ein Potential hat keinen Wert, es ist und bleibt potentiell, bis Sie es zu etwas entwickeln und es leben. Sollten Sie durch ein deutsches Schulsystem gewandert sein, haben Sie mit sieben Jahren gelernt, still dazusitzen und sich nicht zu bewegen. Sie lernten, Ihren Impulsen nicht nachzugeben, und wenn Sie nicht gerade eine musische, kreative Schule besucht haben, wurde fast nur Ihre linke Hirnhemisphäre trainiert. Wählten Sie dann den Weg in die Wirtschaft, entwickelten Sie sich vielleicht zu einem Manager. Es wurde Ihnen beigebracht, logisch und linear zu handeln. LP³ arbeitet an einer nachhaltigen Wirtschaft, und dafür braucht es visionär agierende Leader. Solche, die möglichst wenig Kollateralschaden, weder auf der ökonomischen noch auf der ökologischen Ebene, produzieren. Sie geben Energie, Kraft und Inspiration an Ihre Mitarbeitenden und an Ihre Umgebung weiter. So hinterlassen Sie keine ausgepressten und niedergeschlagenen Menschen, und Sie stärken insgesamt Ihre umgebende Mitwelt.

LP³ arbeitet an einer nachhaltigen Wirtschaft, und dafür braucht es nachhaltig agierende Leader. Solche, die möglichst wenig Kollateralschaden produzieren.

David Fiorucci

Wie verlassen Sie Ihre linksorientierte Denkweise, beziehungsweise wie ergänzen Sie diese mit der rechten? Vielleicht üben Sie zu meditieren, oder Sie spielen ein Musikinstrument. Ein Leader kennt Möglichkeiten, seine gewohnte Denk- und Lebensweise zu verlassen und seine aktuelle Wirklichkeit für etwas Neues einzutauschen.

Dabei geht es ihm wie mit der Ausbildung der linken Hemisphäre in der Schul- und Studienzeit. Auch für die Ausbildung der rechten Hirnhälfte müssen Sie Zeit investieren. Stellen Sie sich eine Welt vor, in der die Menschen nur die Hälfte der Zeit, die sie bisher für Äusserlichkeiten wie gutes Aussehen, Fitnesstraining oder Shoppen investierten haben, plötzlich für ihre Innenwelt aufwenden. Dabei würde eine Zukunft von visionären Feuerwerken entstehen! Visionäres Denken entsteht in den Lücken zwischen dem gewohnten Denken. Es sind Bilderlandschaften und Szenen, die sich scheinbar aus dem Nichts finden und die Sie zu neuen, zukünftigen Handlungen inspirieren. Wenn Sie Ihre inneren Bilder in die äussere Wirklichkeit tragen, leben Sie Ihre Vision.

Die Vitalität selbst ist das Resultat einer Vision. Wenn es keine Vision mehr gibt von etwas Grossem, Schönem, Wichtigem, dann reduziert sich die Vitalität, und der Mensch wird lebensschwächer.

Erich Fromm

Welche Wirkung zeigt die Vision im Team, und haben Sie sich darin geübt, Ihre Vision einfach und verständlich mitzuteilen?

Vermutlich nicht. Was Sie gelernt haben, ist, Ziele einfach und verständlich im Rahmen von Management by Objectives mitzuteilen. In internen Weiterbildungen, vielleicht auch in Ihrem Studium der Betriebswirtschaft, lernten Sie, Ziele auszudrücken, und zwar spezifisch genau, messbar, attraktiv, realistisch und terminiert. Ziele setzen ist das eine, Visionen glaubwürdig festhalten das andere. Dabei geht es nicht um «smarte» Formulierungen, sondern um Einfachheit und Schnörkellosigkeit. Visionen sollen einfach und attraktiv formuliert sein. Hier einige Beispiele:

- «A world without Alzheimer's – Eine Welt ohne Alzheimer» (Alzheimer Association)
- «A personal computer in every home running Microsoft software.» (Microsoft)

- «Wir sind das Team mit der höchsten Mitarbeiterzufriedenheit.» (Thomas Nast)

Welche Key Performance Indicators haben mit der Vision zu tun?

Sind Sie sich über die Begriffe Mission, Strategie, Ziele, Werte und Vision im Klaren?

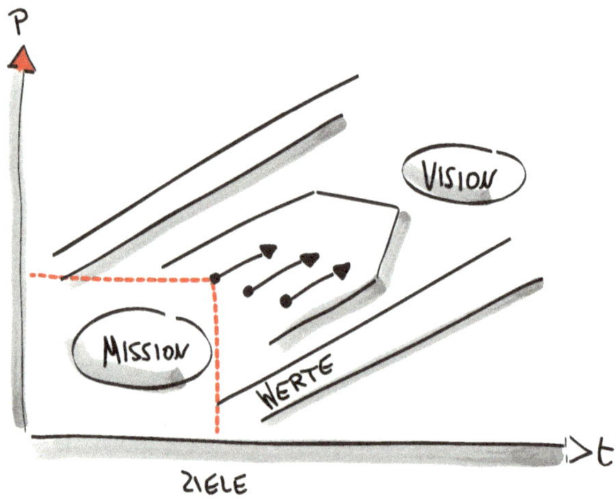

Die zuerst gedachte und visualisierte Vision bestimmt den Weg, wie diese realisiert wird. Aufgrund der in einer Gruppe geteilten Vision lassen sich die Mission, aber auch die Strategie festlegen, wie sie erreicht werden soll.

Die Werthaltung der beteiligten Akteure ist dabei mindestens so wichtig wie eine verständliche und klare Kommunikation. Und es braucht Mut, sich zu verändern. Glauben Sie nicht, dass eine Vision hindernisfrei erreicht wird. Seien Sie flexibel, ändern Sie wenn notwendig den Kurs.

Mut

Mut setzt sich wie folgt zusammen:

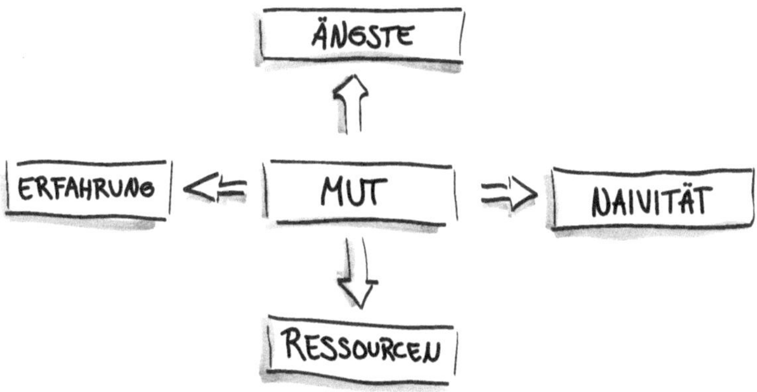

Mut hat, wer seine Ängste akzeptiert und trotzdem weitergeht, wer auf Erfahrung baut, denn der vorletzte Schritt hat auch unüberwindbar ausgesehen, wer seine Ressourcen kennt und darauf aufbaut, wer naiv einfach seinen nächsten Schritt tut und hofft, dass «es» schon gut herauskommen wird, obwohl man die möglichen Risiken nicht kennt. Nicht zuletzt sind wir mutig, wenn die Sinnhaftigkeit grösser ist als unsere eigene Angst vor etwas. Deshalb springt man in einen reissenden Fluss, um sein Kind zu retten.

Bestimmen Sie klare Ziele, sie sind die Schritte auf dem Weg zur Vision und machen Ihre Fortschritte messbar. Visionen sind wie ein Rahmen, der Ihre Ziele umfasst und sie dann mit Werten, mit Sinn und mit Bedeutung verbindet. Deshalb werden Ziele vorwiegend auf der persönlichen oder der unternehmerischer Ebene formuliert. Sie dienen

Um das persönliche und/oder unternehmerische Potential für Visionen zu entfalten, helfen einige bekannte Tools.

Auf der persönlichen Ebene:

Die heutige, in der westlichen Gesellschaft angebotene **Visionssuche (Visionquest)** wurde in den 1970er Jahren von dem Psychologen Dr. Steven Foster und seiner Frau Meredith Little entwickelt. Sie dient einer Bestandsaufnahme des bisherigen Lebens, einer Neuorientierung, indem Erkenntnisse zu existentiell wichtigen Fragen gefunden werden.

Für Gruppen:

Die **Zukunftswerkstatt** ist eine von Robert Jungk entwickelte Methode, in der alle Akteure Experten sind. Das Expertenwissen kann vorhandenes Wissen, soll aber vor allem auch die Fantasie jedes Akteurs umgreifen. Zukunftswerkstätten finden in Gruppen statt, denen eine Moderatorin oder ein Moderator zur Seite gestellt wird. Ziel ist es, Lösungen für gemeinsam festgelegte Probleme oder Herausforderungen zu finden. Dazu werden drei Phasen durchlaufen: Kritikphase, Fantasiephase und Verwirklichungsphase.

Future Search wurde in den 80er Jahren von Marvin Weisbord (USA) entworfen und ist bis heute durch ein weltweites Netzwerk von Anwendern perfektioniert worden. Bis zu 150 Personen in interdisziplinärer Zusammensetzung entwickeln und planen in einer vorgegebenen Struktur die Zukunft eines Systems. In mehreren Prozessschritten analysieren die Beteiligten ihre Vergangenheit sowie die äussere und innere Realität ihrer Organisation, entwerfen Zukunftsbilder und definieren gemeinsame Ziele. Abschliessend werden Handlungsspielräume, Massnahmen und Lösungsvorschläge für die Umsetzung erarbeitet.

Das **World-Cafe,** entwickelt von den US-amerikanischen Unternehmensberatern Juanita Brown und David Isaacs, ist geeignet für Gruppengrössen ab 12 und bis zu 2000 Teilnehmern. Es wird in einer lockeren, kaffeehausähnlichen Atmosphäre ein kreativer Prozess in Gang gesetzt, der über mehrere Gesprächsrunden den Austausch von Wissen und Ideen unter den Beteiligten fördert und so zu neuen Erkenntnissen führt.

vorrangig eigenen Interessen. Beim Zielesetzen geht es darum, grösser, schöner, erfolgreicher zu werden. Ziele stehen in Konkurrenz zu anderen Zielen, sei es zu den eigenen, sei es zu denen anderer. Visionen wirken von innen her, das heisst, sie werden um ihrer selbst willen formuliert und nicht als Konkurrenz zu anderen Visionen.

Versucht man eine Vision zu erreichen, kann die Vielzahl der Aufgaben und Herausforderungen erschrecken. Deshalb ist Leadership unabdingbar, damit die Motivation der Beteiligten auf einem hohen Niveau bleibt und die Beteiligten aktiv handelnd sind. Tun ist angesagt.

Visionen schlicht und einfach

Ein Team, das einer Vision folgt, muss kaum geführt werden. Es braucht Kommunikation und Koordination. Die Mitarbeiter organisieren sich selbstständig, sind motiviert und voller Energie. Sie tun freiwillig alles Notwendige, um die gemeinsame Zukunft zu gestalten. Ihre Kraft dient der Sache und der Realisierung der Vision.

Kenne ich meine private und berufliche Vision, habe ich überhaupt eine? Was kann ich aktiv unternehmen, um für mein Leben eine Vision zu bekommen? Hat die private einen Einfluss auf meine berufliche Vision, und sind die beiden verträglich? Traue ich mir zu, eine Strategie für mein Leben, aber auch für meine Mitarbeiter zu entwickeln? Aber auch, kann ich einen Businessplan oder eine Strategieanalyse erstellen?

Höre ich auf mich, das heisst, akzeptiere ich, dass der Mangel einer Vision einen Einfluss auf meine Sinnhaftigkeit hat? Höre ich auf meine innere Stimme, und folge ich ihr?

Mag ich mich? Mag ich meine Vision? Bin ich geduldig, wenn da noch keine ist? Betrachte ich das Glas als halbleer oder halbvoll?

Überprüfen Sie die Erwartungen Ihrer Mitarbeiterinnen und Mitarbeiter an Sie als Führungsperson? Vermitteln Sie Sicherheit in Bezug auf den vor Ihnen liegenden Weg? Trauen Ihnen die Mitarbeiter zu, ein guter Reiseführer zu sein?

Die kleine Vision-Geschichte

Isabelle sass in ihrem Steinkreis im Wald. Es war im Sommer. Sie sass schon lange da. Seit Stefan, der Leiter ihrer Visionquest, sie hier abgesetzt hatte. Vor fünf Tagen. Genau genommen musste sie sich ihren Steinkreis zuerst selber bauen. Die ganze Umgebung hatte sie nach handgrossen und grösseren Steinen abgesucht. Diese legte sie anschliessend als Kreis mit einem Durchmesser von zirka drei Metern an. Ein kleiner Weg führte hinter eine Tanne, dort grub sie ein tiefes Loch. Ihre Toilette für die kommenden Tage. Dann richtete sie sich ein. Sie spannte eine Plastikfolie als Sonnen- und Wetterdach über sich und baute darunter so etwas wie ein Nachtlager. Da legte sie ihren Schlafsack aus und stellte die drei Flaschen Mineralwasser hin. Sie würde fasten. Dann begann das Nichtstun in ihrem selbstgewählten Raum: drei Meter im Durchmesser und ein kleiner Weg hinaus für die Notdurft. Sie würde diesen Raum die nächsten sieben Tage nicht verlassen. Einmal täglich würden Nicole und/oder Stefan vorbeischauen. Sie würden ihr frisches Wasser und eine Zitrone bringen. Mit ihnen durfte sie sprechen. Nicht länger als eine Stunde. Für den Notfall bekam sie einen altmodischen «Piepser», den sie auslösen konnte. Dann wäre Hilfe oder Unterstützung innert dreissig Minuten bei ihr. Aber was hiess Not? War Sie in Not, wenn sie die Langeweile fast nicht aushalten konnte? Wenn ihre Gedanken immer negativer wurden? Wenn sie weinte? Wenn sie nicht mehr müde war, weil sie zu viel geschlafen hatte? Wenn der Hunger sie durcheinanderbrachte. War sie in Not, weil wilde Tiere sie angreifen könnten? Gab es gefährliche Tiere in einem Schweizer Wald?

Die grösste Krise machte sie nicht in der ersten Nacht, sondern in der dritten durch. Ein lautes Geräusch ganz in der Nähe weckte sie. Sie ignorierte es zuerst. Aber dann kam es näher. Isabelle vergrub sich in ihrem Schlafsack. Sie lauschte. Hörte sie Atemgeräusche? Waren da Augen in der Dunkelheit? Sie verwünschte die Wolken vor dem Mondlicht und war gleichzeitig froh darüber. Sie glaubte nicht an Dämonen. Aber die Nacht im Wald war plötzlich voller Geräusche und Leben.

In dieser Nacht begegnete sie ihren tiefen Ängsten. Sie verfluchte ihren Mut, der sie dazu gebracht hatte, diese Visionquest durchzuführen … Die Gespräche am Nachmittag mit Nicole dauerten lange. Es fühlte sich länger als eine Stunde an.

Die vierte Nacht war wunderbar! Keine Angst, kein Unwohlsein und kein Hungergefühl. Das Feedback von Nicole und Stefan war entsprechend. Sie gaben ihr einen Spiegel, und Isabelle betrachtete sich. So hatte sie sich noch nie gesehen. Sie sah wild aus. Braungebrannt. Ihre Augen leuchteten, und ein erstes Mal gratulierte sie sich zu ihrem Mut. Diese Isabelle mochte sie. Diese Isabelle hatte sie immer gesucht. Diese Isabelle lag in ihr verborgen und blickte sie jetzt neugierig und lächelnd an.

In der sechsten Nacht bekam sie Besuch von einer Eule. In dieser Nacht fand sie ihre Vision!

Thomas Nast

Dimension | Werte

Als WERT gilt das, was nach individueller und sozialer Einschätzung als erstrebenswert, gut, bereichernd, nützlich und fördernd angesehen wird.

Eine unternehmerische, aber auch eine private Vision benötigt zur Umsetzung eine Mission (einen Auftrag), eine Strategie (siehe Dimension Fachkompetenz) und Werte. Letzteres ist sowohl für eine Unternehmung als auch im Privatleben wesentlich, um sich auf die Realisierung der Vision auszurichten.

Werte sind also keine Ziele, die erreicht werden können, aber sie geben Ihnen eine Richtung. Sie definieren Ihre Ethik und dadurch die Leitplanken Ihres Tuns. Stimmen Ihre Werte mit Ihrer Vision überein, werden Sie geradliniger vorwärtskommen.

Werte als Teil von LP^3

Ein Leader hat eine klare, stabile und auf Werten basierende Grundhaltung. Diese fördert Handlungssicherheit und Nachvollziehbarkeit der Führungsperson, und sie unterstützt den Rahmen, in dem sich die Mitarbeitenden wohl fühlen. Dadurch entsteht Sicherheit für die Mitarbeitenden.

Werte sind dabei keine bedeutungslosen Worthülsen. Deshalb ist auch in dieser Dimension die Selbstreflexion die Klammer, die alles zusammenführt und -hält. Ein Wert ist dann reflektiert, wenn Sie verstehen, was Ihnen wirklich sichere Gefühle vermittelt. Was benötigen Sie, um sich sicher zu sein? Wie fühlt es sich an, in Sicherheit zu leben? Wie vermitteln Sie Ihren Mitarbeitern Sicherheit?

Ein Vorgesetzter sollte sich darüber im Klaren sein, von welchen Werten er zutiefst überzeugt ist. Die meisten Menschen sind sich ihrer Werte nicht bewusst, viele Führungskräfte und ihre Mitarbeitenden haben sich mit ihren Werten noch nie auseinandergesetzt, obschon sie unbewusst nach ihnen leben. Es ist ein wenig wie mit der Gerechtigkeit: Der Mensch besitzt kein Gefühl für Gerechtigkeit. Wir haben lediglich ein Gefühl für Ungerechtigkeit. Werte müssen manchmal zuerst verletzt werden, bevor wir realisieren, dass da etwas angekratzt worden ist.

Im Stande zu sein, nach seinen inneren Werten zu leben und sich dabei wohl zu fühlen, das ist wahrer Wohlstand.

Manfred P. Zinkgraff

Werte sind kulturell geprägt, einerseits durch unsere Erziehung, andererseits durch unser kulturelles Umfeld und unsere Geschichte. Da uns die meisten verinnerlichten Werte nicht bewusst sind, sind diese auch schwer zu erkennen oder gar zu verändern. Erst mit dem Sich-bewusst-Machen der eigenen Werte erlangen wir die Fähigkeit, auf sie einzuwirken. Deshalb ist es wichtig, seine Werte zu entdecken, festzuhalten und zu priorisieren. Wir können nur auf etwas verändernd einwirken, was wir auch als Teil von uns erkennen und akzeptieren. Es geht darum, seine Werte zu überprüfen und sie dem eigenen aktuellen Wissensstand, aber auch dem aktuellen Bewusstsein von sich und der Welt anzupassen. Werte sind wandelbar. Allerdings benötigen Sie, um auf die eigenen Werte einzuwirken, Zeit, Geduld und einen starken Willen zur Veränderung.

Die Geschichte von Vater, Sohn und Esel

Und es geschah, dass Vater, Sohn und Esel in der Mittagshitze durch die staubigen Gassen der Vorstadt zogen. Der Vater sass auf dem Esel, während der Junge nebenherging. Da sagte ein Vorübergehender: «Der arme Junge. Seine kurzen Beine können mit dem Tempo des Esels kaum mithalten. Wie kann ein Vater so faul auf dem Esel sitzen, während der Junge vom Laufen ganz müde wird.»

Der Vater beherzigte diese Worte und setzte seinen Sohn auf den Esel. Bald darauf kam ein anderer Mann vorbei und rief: «So eine Unverschämtheit. Der Bengel sitzt wie ein Sultan auf dem Esel, während sein armer, alter Vater nebenherlaufen muss.»

Dies schmerzte den Jungen, der daraufhin den Vater bat, sich hinter ihn auf den Esel zu setzen. Bald darauf rief eine vorbeigehende Frau entrüstet aus: «Hat man so etwas schon gesehen? So eine Tierquälerei! Der Rücken des armen Esels hängt völlig durch, und der alte und der junge Faulenzer ruhen sich auf ihm aus, als wäre der arme Esel ein Diwan!»

Daraufhin stiegen Vater und Sohn wortlos vom Esel herunter. Sie nahmen das Tier in ihre Mitte und gingen rechts und links nebenher. Kurze Zeit später machte sich ein Fremder über sie lustig: «So dumm möchte ich im Traum nicht sein. Wozu führt ihr denn den Esel spazieren, wenn er nichts leistet und nicht einmal einen von euch trägt?»

Vater und Sohn sahen einander sprachlos an, dann packte der Vater den Esel bei den Vorderbeinen, der Sohn nahm ihn bei den Hinterbeinen, und so trugen die beiden den Esel für den Rest des Weges.

Äsop

Sie wirken auf Ihre Mitarbeiter nicht motivierend, wenn Sie alle Arbeit selber erledigen und sinnbildlich den Esel tragen. Sie wirken auf Ihre Mitarbeiter motivierend und vermitteln ihnen Sicherheit, wenn Sie ihnen Ihre Werte kommunizieren und klar ausdrücken, was Sie darunter verstehen.

Für den Arbeitsalltag heisst dies, dass Sie sich zu folgenden Aussagen Gedanken machen und diese dann nach reiflicher Überlegung an Ihre Mitarbeitenden als Erwartungen herantragen:

Ich schätze Mitarbeiter, die sich wie verhalten?

Ich mag Mitarbeiter nicht, die sich wie verhalten?

Bei der Arbeit und im Team ist es mir ein persönliches Anliegen, dass …

Ich mag es nicht, wenn …
Ich werde sauer, wenn …
Ich bin tolerant, darüber diskutiere ich gerne …

So setzen Sie sich ganz automatisch mit Ihren persönlichsten Werten auseinander. Uns sind selten Vorgesetzte begegnet, die Ihren Mitarbeitern die an sie gestellten Erwartungen klar und deutlich kommuniziert haben: «Die wissen das schon, die kennen meine Erwartungen», heisst es jeweils. Fakt ist, dass fast alle Mitarbeiter keine Ahnung darüber haben, was ihre Vorgesetzten für Erwartungen an sie stellen. Die Einzigen, die diese Erwartungen vielleicht kennen – oft nicht einmal diese – sind die Vorgesetzten selbst.

Wenn Sie Ihre Werte kennenlernen, sie festhalten und sie in eine Priorität bringen und sie dann klar und verständlich den eigenen Leuten gegenüber kommunizieren und vertreten, so dass diese sie verstehen, dann wirken die drei P.

Dies sind die zielführenden Fragen, um Ihr Potential, Ihre Power und Ihre Performance in Bezug auf Ihre Werte zu hinterfragen und zu verstehen:

Welche Werte standen bei der letzten wichtigen Entscheidung, die Sie getroffen haben, im Vordergrund?
Wie wirken sich Ihre Werte auf Ihre Führungsarbeit aus?
Welche Key Performance Indicators haben mit Ihren Werten zu tun?

Folgende Aussagen helfen Ihnen bei der Selbstreflexion:

Ich weiss genau, von welchen Werten ich zutiefst überzeugt bin.
Ich habe meine Werte schriftlich formuliert und priorisiert.
Ich kommuniziere meine Werte und was ich darunter verstehe klar gegen aussen.

Werte einmal anders

Vermutlich haben Sie sich die Frage beim Lesen bereits gestellt: Wie erkennen Sie, was Ihnen wichtig ist? Wer kann Ihnen dabei helfen, Ihre Werte zu erkennen? Wie unterscheiden Sie zwischen wichtigen und weniger wichtigen? Werte werden über das Verhalten sichtbar. Häufig zeigt sich ihr Stellenwert in kritischen Situationen, zum Beispiel wenn Sie sich verletzt fühlen oder wenn Sie Entscheidungen zu treffen haben.

Ein Königsweg, um die eigenen Werte zu erkennen, kann in einer Partnerschaft begangen werden. Gönnen Sie sich einige fernsehfreie Abendstunden, und tauschen Sie sich gegenseitig darüber aus, was Ihnen besonders wichtig ist. Diskutieren Sie über die Entstehung Ihrer Werte und darüber, ob ein in der Familie überlieferter Wert in Ihrem Erwachsenenleben noch die gleiche Bedeutung hat wie in Ihrer Kindheit. Definieren Sie dieses Sich-Zeit-füreinander-Nehmen als einen lebenswerten Partnerschaftswert. Weiten Sie bei Bedarf diese Technik der Selbstdarstellung und der Fremdeinschätzung auf nahe Freunde aus.

Manchmal verstecken sich die eigenen Werte auch hinter den Dingen, die man nicht mag und sich auf keinen Fall wünscht. Dabei geht es um Weg-von-Werte oder Hin-zu-Werte.

Ein Weg-von-Wert ist beispielsweise die Aussage: «Ich will nicht krank sein.» Als Hin-zu-Wert und damit positiv formuliert wird das heissen: «Ich bin gesund.» Glücklicherweise ist es immer möglich, negative Formulierungen umzuschreiben.

Um einen Wert zu überprüfen, stellen Sie sich vor, wie ein Menschenleben aussieht, in dem dieser Wert im Mittelpunkt steht. Wie sieht Ihr Leben aus, wenn Sie Ihr Handeln und Nichthandeln diesem Wert unterwerfen? Stellen Sie sich auch vor, wie Sie reagieren, wenn Sie selbst oder Ihnen nahestehende Menschen oder Mitarbeitende diesen Wert verletzen.

Welche Werte standen bei der letzten wichtigen Entscheidung, die Sie getroffen haben, im Vordergrund?

Sie entschieden sich beispielsweise, für sich und Ihre Familie eine Wohnung zu kaufen. Was leitete Sie dabei? War es Liebe? War es Sicherheit? War es Anerkennung? War es ein Mix von verschiedenen Werten, und welcher gab den Ausschlag für Ihre abschliessende Kaufentscheidung?

Wie wirken sich Ihre Werte auf Ihre Führungsarbeit aus?

Sind Ihre Werte fühlbar für Ihre Mitarbeiter? Wissen diese, was Ihnen wichtig ist? Im Leben und bei der Arbeit? Wissen sie, was Sie antreibt?

Sogenannte Antreiber haben einen tiefgehenden Einfluss auf die Art und Weise, wie Sie an Dinge herangehen. Was treibt Sie unbewusst an?

Das Modell der Antreiber

Dieses Modell stammt aus der sogenannten Transaktionsanalyse. Antreiber sind verinnerlichte Werte, die unser tägliches Tun und Lassen, aber auch das Wie-wir-etwas-Tun steuern. Ist der Antreiber normal ausgeprägt, hat er eine nützliche Ausprägung auf Sie. Hat der Antreiber eine zu starke Wirkung, behindert er Ihr Tun und kann sogar Ihre Gesundheit gefährden. Wir unterscheiden fünf Antreiber:

Sei perfekt! Der damit verinnerlichte Wert führt Sie dazu, genau zu sein. Dabei ist eine gute Leistung nie gut genug. Ist dieser Antreiber zu stark ausgeprägt, führt er Sie dazu, perfektionistisch zu werden. Sie wollen alles immer noch perfekter machen. Diesen Perfektionismus fordern Sie auch unbewusst von Ihren Mitarbeitenden oder Ihren Familienmitgliedern ein. Innere Konflikte mit sich selbst, aber auch äussere Konflikte mit Familienmitgliedern und Mitarbeitern sind unausweichlich. Lernen Sie, dass eine gewisse Nonchalance Ihnen dabei hilft, sich nicht mehr im Detail zu verlieren. So ist weniger häufig mehr, als Sie denken.

Sei schnell! Der Vorteil dieses Antreibers liegt auf der Hand: Sie sind schnell. Vermutlich sprechen Sie schnell, denken schnell und handeln schnell. Ist der Antreiber jedoch zu stark ausgeprägt, sind Sie ungeduldig und neigen dazu, zu schnell zu sein und dann Fehler zu produzieren. Sie stressen sich selbst und andere, was wiederum zu inneren Schwierigkeiten, gesundheitlichen Problemen und zu Konflikten mit der Aussenwelt führen wird. Hier helfen Pausen und ein bewusstes Das-eigene-Leben-nicht-noch-mehr-Beschleunigen. Gehen Sie zum Beispiel absichtlich ganz langsam.

Streng dich an! Im positiven Sinn sind Sie dazu geneigt, sich bei dem, was Sie tun, Mühe zu geben und durchzuhalten. Sie strengen sich an und machen keine halben Sachen. Sich anstrengen führt jedoch auch dazu, dass eben alles anstrengend ist und mühsam wird. Ohne Fleiss kein Preis – möchten Sie meinen, und schon geben Sie Ihren Antreiber weiter und beschimpfen Ihre Tochter und Ihren Mitarbeiter: «Jetzt streng dich doch ein wenig an!» Erlauben Sie sich, sich selbst mehr Zeit zu nehmen und auch Pausen zu machen. Manches darf auch länger dauern.

Mach es allen recht! Dies hat es ganz besonders in sich, man ist nämlich erst dann wertvoll, wenn alle anderen mit einem zufrieden sind. Man tut es allen recht. Man passt sich an. Es ist kein Wunder, dass sich Menschen mit dieser Veranlagung in helfenden Berufen geradezu tummeln. Allen wird geholfen, jeder wird unterstützt. Doch man tut dies nicht selbstlos, weil man so viel zu geben hätte, sondern unbewusst, weil man sich selbst dadurch helfen will. Dies ist eine fatale Falle. Wenn Sie zu den Menschen gehören, die Mühe haben, ein klares Nein auszusprechen und sich abzugrenzen, gehören Sie sicher in diese Kategorie. In einer gesunden Ausprägung ist dieser Wert sehr nützlich: Sie geben, ohne über den Preis für Ihr Geben nachzudenken. Passen Sie sich jedoch Ihrer Umwelt zu stark an, werden Sie dank diesem Antreiber ausgenützt. Ob jemand ein sogenannt verletzter Helfer ist, lässt sich darüber definieren, ob die Person gelernt hat, sich abzugrenzen oder nicht. Geradezu der Archetyp der verletzten Helferin ist die es allen recht machen wollende Mutter. Sie gibt und gibt und gibt. Sie liest ihren Kindern und ihrem Mann die Wünsche förmlich von den Lippen ab und beginnt selbst Bedürfnisse ihrer Lieben zu befriedigen, die gar nicht vorhanden sind. Solche Menschen können nicht konfliktfähig sein, denn sie wollen ja gefallen.

Die gute Nachricht: Der Weg fort vom Antreiber «Mach es allen recht» hin zu einem «Erlauber» (ich darf offen sein für Zuwendung, ich darf mir Hilfe holen und sie annehmen, ich darf Gefühle zeigen, dies ist sogar ein Zeichen von Stärke) ist klar vorgezeichnet: Lernen Sie Nein sagen, grenzen Sie sich ab, und schätzen Sie sich für das, was Sie sind.

Sei stark! Menschen, bei denen dieser Wert besonders ausgeprägt ist, sind oft bereits visuell erkennbar: Sie tragen gerne hautenge T-Shirts über ihren Muskelbergen. Sie verbringen ihre Freizeit im Fitnesssalon, nicht um fit zu sein, sondern um stark auszusehen. Ein weiteres Merkmal ist der breite und steife Nacken. Sei stark will heissen, sei nicht schwach. Wie alle Antreiber wurde auch dieser in der Kindheit entwickelt. Ein oder beide Elternteile, vielleicht ein älterer Bruder oder eine Lehrerin verlangten von Ihnen, keine Schwäche zu zeigen. Dies hiess dann im Alltag: «Zeig deine Gefühle nicht!» Ist dieser Wert mässig ausgeprägt, das heisst in einem gesunden Ausmass vorhanden, so ist der Träger des Wertes eine starke Person, die nicht jeder Windhauch in ihren Grundfesten erschüttert. Wird der «Antreiber» übertrieben, wird der Träger davon steif und starr. Er verschliesst seine Gefühle in sich selbst und kann nicht mehr authentisch sein. Er verliert sich in der Rolle des oder der Starken. Menschen mit einem weichen Kern und harter Schale sind typische Vertreter. Der Weg zurück geht über das Zulassen der eigenen Empfindlichkeit und der eigenen Gefühle.

Welche Key Performance Indicators haben mit den Werten zu tun?

Werden Sie sich darüber klar, ob Sie sich über die Begriffe Mission, Management by Objectives, Strategie, Charta, Weisungen und Vision im Klaren sind. Welche haben mit Werten zu tun und welche nicht? Welche Bedeutung haben Werte für den Prozess hin zu einer Vision? Sind sie Ziele, oder unterstützen sie richtungsgebend?

Das Wertequadrat

Diese Methode nach Paul Helwig, die Friedemann Schulz von Thun für sich nutzbar gemacht hat, eignet sich wunderbar, um sich über die Vor- und Nachteile von Werten Gedanken zu machen.

Der Wert **Sparsamkeit** wird in diesem Beispiel wie folgt in Bezug zu anderen Begriffen gestellt:

Die negative Steigerung von Sparsamkeit ist **Geiz.** Geiz ist hier nicht nur in materieller Hinsicht zu verstehen. Geizig kann man auch auf der Gefühlsebene sein.

Das positive Gegenteil, die sogenannte Schwestertugend, ist **Grosszügigkeit.**

Die negative Steigerung von Grosszügigkeit ist **Verschwendung.**

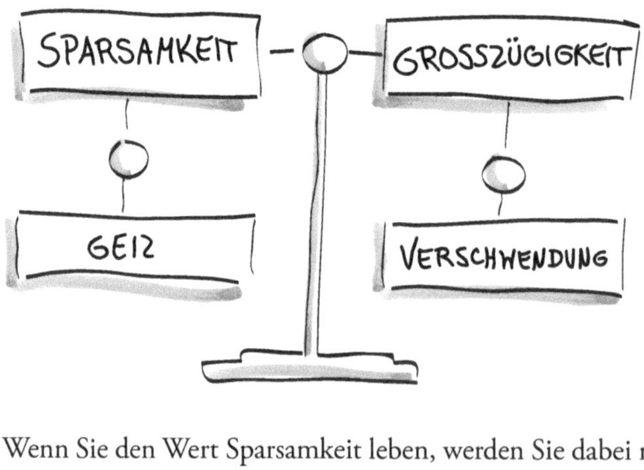

Wenn Sie den Wert Sparsamkeit leben, werden Sie dabei mit Sicherheit auch dem Geiz, der Grosszügigkeit und der Verschwendung begegnen. Die vier gehören zusammen. Neigt jemand dazu, geizig zu sein, kann er sein Problem jetzt in einem neuen Kontext betrachten. Er darf sich punktuell erlauben, grosszügig zu sein, und er wird so neue Erfahrungen machen können.

Um das persönliche und/oder unternehmerische Potential für Werte zu entfalten, helfen einige bekannte Tools.

Auf der persönlichen Ebene:

Das erwähnte **Wertequadrat** nach Paul Helwig hat Friedemann Schulz von Thun 1989 für die Belange der zwischenmenschlichen Kommunikation genutzt. Mit Hilfe des Wertequadrates kann es gelingen, für jede menschliche Qualität (zum Beispiel Ehrlichkeit) die notwendige Gegenqualität (Schwestertugend) zu finden (hier zum Beispiel Taktgefühl und Sensibilität); erst beides zusammen lässt den «Regenbogen» dazwischen aufgehen.

Das **Konzept der inneren Antreiber** stammt aus der Transaktionsanalyse (Taibi Kahler, Reinhard Köster, Bernd Schmid, Joachim Hipp u.a.). Dort werden darunter elterliche Forderungen verstanden, mit denen konventionelle, kulturelle und soziale Vorstellungen verbunden sind. Als Eltern-Gebote haben diese Botschaften für Kinder einen Absolutheitscharakter, der nicht angezweifelt wird, denn ihre Nichteinhaltung könnte zur Folge haben, nicht mehr geliebt zu werden.

Die **vier Aspekte der Balance** nach David Schnarch zu stärken, hilft, «erwachsen» zu werden, Weisheit und Reife zu erlangen, in sich selbst «zu Hause» zu sein, sich selbst Respekt und Achtung zu geben und so unabhängiger von der Anerkennung anderer zu werden. Die vier Aspekte, um in Balance zu kommen, sind: stabiles und flexibles Selbst, stiller Geist und ruhiges Herz, massvolle und angemessene Reaktionen sowie sinnvolle Beharrlichkeit.

Die **fünf Säulen der Identität** nach H.G. Petzold: Eine vertiefte Auseinandersetzung mit den Aspekten, die für eine stabile Lebenssituation notwendig sind, ist auch eine Auseinandersetzung mit den eigenen Werten. Die fünf Säulen sind: Leiblichkeit und Gesundheit, soziales Umfeld und Familie, Arbeit und Leistung, materielle Sicherheiten und last but not least die lieben Werte.

Für Gruppen:

Coaching (selbstverständlich auch für Einzelpersonen). Ein Coaching hilft Ihnen dabei, die eigenen Werte und solche einer Organisation sichtbar zu machen und/oder neue Werte für Ihr Team zu definieren.

Die unter Vision beschriebene Moderationsmethode **World-Cafe** (S. 38) ist auch bestens geeignet, die Werte Ihres Team, Ihrer Abteilung und Ihrer Unternehmung zu definieren.

Es ist sinnvoll in einer Werteschulung, **Werkzeuge** der persönlichen Ebene und solche für Gruppen zu **mischen.** Es macht keinen Sinn, für eine Unternehmung Werte herauszuarbeiten, die nicht mit denjenigen der Mitarbeitenden vereinbar sind.

Werte schlicht und einfach

Werte bieten jeder Organisation den inneren Zusammenhalt, sie sind der Leim, der alles zusammenhält.

David Fiorucci

Werte beeinflussen unsere Handlungen und unsere Entscheidungen. Werte definieren den Rahmen, innerhalb dessen Sie sich Richtung Vision bewegen. Sie halten nicht durch, wenn Ihre Werte nicht mit Ihrer Vision in Einklang sind. Werte bieten jeder Organisation den inneren Zusammenhalt, sie sind der Leim, der alles zusammenhält.

Kenne ich meine persönlichen Werte, und habe ich mich mit anderen darüber ausgetauscht? Bin ich mir darüber im Klaren, dass es Weg-von-Werte und Hin-zu-Werte gibt? Die Weg-von-Werte geben mir dabei interessante Einblicke in meine Ängste. Wenn ich mich mit meinen persönlichen Werten auseinandersetze, gehe ich auch auf meine Ängste ein und finde dort meine persönlichen Ressourcen. Wie gut kenne, akzeptiere und lebe ich diese?

Höre ich auf mich? Werde ich aktiv, wenn ich fühle, dass mein Wert für Gesundheit angegriffen ist? Was unternehme ich, wenn mich ein übertrieben ausgelebter Antreiber krank macht? Achte ich auf meine Werte betreffend Gesundheit und Balance, und reagiere ich, bevor es zu spät ist? Wenn ja, höre ich auch auf mich in Bezug auf meine Mitarbeiter. Ich erkenne, dass sich jemand verausgabt und sich über die Massen engagiert.

Mag ich mich? Mag ich meine Werte und wie ich diese lebe? Bin ich aufrichtig, und verteidige ich mich, wenn meine Werte missachtet werden? Wie stehe ich zu der Aussage: «Meine Werte machen mich zu dem, der ich bin.»

Überprüfen Sie die Erwartungen Ihrer Mitarbeiterinnen und Mitarbeiter an Sie in Bezug auf Ihre Werte? Glauben Ihnen Ihre Mitarbeitenden, dass Sie Ihre Werte kennen und diese klar kommunizieren?

Die kleine Werte-Geschichte ...

Zwei Wege

Ein Derwisch sass am Strassenrand, als ein hochmütiger Höfling mit seinem Gefolge an ihm vorbeiritt und ihn mit seinem Stock schlug, während er schrie: «Aus dem Weg, du armseliges Wrack!»

Als sie vorbeigezogen waren, erhob sich der Derwisch und rief ihnen nach: «Möget Ihr alles, wonach Euch in dieser Welt verlangt, erhalten in seiner höchsten Form!»

Ein Zuschauer, von der Szene sehr beeindruckt, näherte sich dem Gläubigen und bat ihn: «Bitte sagt mir, ob Eure Worte durch die Grosszügigkeit des Geistes inspiriert waren oder weil die Begierden dieser Welt diesen Mann unzweifelhaft noch mehr verderben werden.»

«Oh du, Mann von solch aufgewecktem Wesen», sagte der Derwisch, «könnte es dir in den Sinn kommen, dass ich sagte, was ich sagte, weil Menschen, die ihre wahren Wünsche erlangen, nicht herumreiten müssten und Derwische verprügeln?»

Mullah Nasreddin

Dimension | Vorbild

Ein VORBILD ist das Bild einer realen, aber auch virtuellen Idealgestalt, in der Regel aus der Gegenwart. Diese Person wird von einem Individuum bewundert und beeinflusst dessen Entwicklung und Lebensgestaltung nachhaltig. Die Bewunderung kann der ganzen Idealgestalt gelten, aber auch nur Teilaspekten von ihr.

Die Leadership-Dimension Vorbild oder besser Vorbild-Sein als dritte Dimension drängt sich auf, denn Leader mit einer Mission, mit Werten und gar einer Vision wirken auf ihre Umgebung attraktiv und anziehend. Hat ein Leader eine Vision gefunden, arbeitet er an deren Realisierung und hat dieser Leader Werte, die eine Zusammenarbeit mit den Mitarbeitern fördert, wirkt er wie ein Leuchtturm. Seine Mitarbeiter richten sich bewusst und unbewusst nach dieser Führungskraft aus.

Ein Mensch, der die Werte Integrität, Verantwortung, Mut, Nachhaltigkeit, Vertrauen und Respekt vorlebt – dies sind gemäss deutscher Wertekommission die Werte, die ein erfolgreiches Wirtschaften fördern –, ist ein positives Vorbild.

Vorbild als Teil von LP^3

Ein Leader hat Prinzipien, er steht für diese ein und lässt seinen Worten entsprechende Handlungen folgen. Dadurch ist er eine integre Persönlichkeit. Vorbild zu sein, heisst im Umkehrschluss, anderen Menschen durch seine Persönlichkeit und sein Handeln eine Orientierung zu geben, so dass sie einen als nachahmenswert erkennen. Sich selbst kann man nicht zum Vorbild küren, man muss dazu ernannt werden. Führungskräfte wirken immer als Vorbilder – positiv oder negativ –, da ihr Verhalten Orientierung gibt und sie nachhaltig beeinflussen. Zum Leader wird man, wenn die Mitarbeitenden einem freiwillig folgen.

Es ist einfacher, für seine Prinzipien zu kämpfen, als nach ihnen zu leben.
Alfred Adler

Auch Sie haben sicher schon Führungskräfte erlebt, auf die Sie gern gehört haben, bei anderen fiel es Ihnen schwer. Bei den Zweitgenannten reduzierte sich Ihre Arbeitsleistung wie von selbst. Der Grund lag bei Ihrem Vorgesetzten.

Um ein Vorbild zu sein, müssen Führungskräfte allerdings nicht alles besser können als ihre Mitarbeiter.

Führen heisst deshalb nicht, über eine bessere Fachkompetenz zu verfügen, es heisst, sich mit den richtigen Mitarbeitern zu umgeben. Ein Leader wünscht sich keine Mitarbeiter, die Probleme kreieren. Er braucht solche, die mitdenken, und wenn ein Problem auftaucht, ist es nicht damit getan, dass der Vorgesetzte die Lösung kennt. Eine authentische Führungskraft kann dazu stehen, nicht alles selbst wissen zu müssen, und sie kann sich abgrenzen.

Sie fragt:

- Was ist das Problem?
- Was haben Sie bisher ausprobiert, um das Problem zu lösen?

Ein Leader kann nur etwas besser als seine Angestellten: führen. Er befähigt seine Mitarbeitenden dazu, ihr Bestes zu geben.

- Ein Leader ist nicht ein Mensch, der alles besser kann. Diesem Anspruch kann niemand genügen.
- Ein Leader geht, so gut er kann, mit gutem Beispiel voran. Dabei bleibt er sich und seinen Werten treu.

Ein Leader muss nicht immer der Letzte sein, der das Büro verlässt, aber er kann auch nicht immer der Erste sein. Er kann nicht Wasser predigen und Wein trinken.
Es gibt keine Superfrauen und Supermänner.

Können Vorgesetzte in einer krisengeschüttelten Umgebung, beispielsweise der Finanzbranche, überhaupt noch eine Vorbildfunktion einnehmen? Das Image ist beschädigt. Die alten Supermänner sind enttarnt. Einem ganzen Berufsstand wird Gier vorgeworfen. Den Managern fehle eine positive, wertebasierte Vision, und die Öffentlichkeit verlangt mit Vehemenz nachhaltiges, verantwortliches und ethisch korrektes Handeln, eine Forderung, die sich nicht nur für die Finanzbranche, sondern für die Wirtschaft als Ganzes stellt.

Die Mitarbeitenden wünschen sich, dass ihr Chef vorbildlich und seinen kommunizierten Werten und Erwartungen entsprechend handelt. Sie wünschen sich keine Superfrauen oder Supermänner, jedoch Menschen, die gemäss ihren Aussagen handeln. Vorbilder dürfen auch Fehler machen, doch sie stehen dazu und bleiben ehrlich. Wenn ein Vorbild über eine Vision verfügt, für seine Werte einsteht und seinen Worten adäquate Handlungen folgen, ist es einschätzbar und deshalb integer.

Beim Theater und beim Film fragt man nach der Identifikation eines Schauspielers mit seiner Rolle. Man kann auch nach der Identifikation der Zuschauer mit den dargestellten Figuren fragen. In Anlehnung daran ergeben sich in Bezug auf das Vorbild-Sein eines Leaders Fragen der Identifikation:

- Mit welchen Aspekten der Führungsrolle identifizieren Sie sich?
- Was hat dies mit Ihrer Identität zu tun?
- Mit welchen Aspekten Ihrer Führungsrolle identifizieren sich Ihre Mitarbeitenden?
- Sind Sie Ihre Rolle?
- Welche Schlüsse ziehen Sie aus den Antworten?

Dies sind die zielführenden Fragen, um Ihr Potential, Ihre Power und Ihre Performance in Bezug auf Vorbild-Sein zu hinterfragen und zu verstehen:

- Welche Vorbilder haben Sie? Weshalb genau diese?
- Woran stellen Sie fest, dass Sie als Vorbild in Ihrer Umgebung wirken?
- Welche Key Performance Indicators haben mit der Vorbildfunktion Ihrer Abteilung zu tun?

Folgende Aussagen helfen Ihnen bei der Selbstreflexion:

- Ich empfinde mein Auftreten als authentisch.
- Ich erlebe mich als integre Persönlichkeit.
- Meine Mitarbeitenden können jederzeit einschätzen, mit welchen Reaktionen (unabhängig von der Situation) sie bei mir rechnen müssen.
- Ich inspiriere mein Team durch das, was ich tue.

Vorbild einmal anders

Vorbild sein ist ganz schön schwierig. Das weiss jede Mutter und jeder Vater. Bis die Kinder zur Schule gehen, ist der Fall in den meisten Familien klar. Mutter ist die Beste und Vater der Grösste. Manchmal sind diese Rollen austauschbar, manchmal steht ein Elternteil besser da als der andere. Mit dem Schuleintritt und je älter und reifer der Nachwuchs wird, desto schwieriger ist es, einer Projektion zu entsprechen. Irgendwann begreift jeder Jugendliche, dass der eigene Vater und die eigene Mutter nicht die Helden sind, die er als Kind in ihnen gesehen hat. Jetzt beginnt die Demontage, ein natürlicher und notwendiger Prozess. Mutter und Vater haben für die nächsten Jahre, manchmal für immer, als Vorbilder ausgedient. Im Idealfall werden Sie in späteren Jahren wieder beigezogen, dann, wenn die Kinder selber Eltern geworden sind und merken, dass die Vorgeneration ihren Job gar nicht so schlecht hingekriegt hat.

«Hör mal, Junge, als George Washington in deinem Alter war, war er Klassenbester!» «Ja, Papa, aber als er in deinem Alter war, war er Präsident der Vereinigten Staaten von Amerika!»

Kalenderspruch

Auch Sie haben sich von klein auf mit Vorbildern auseinandergesetzt. Da waren die Eltern und dann die Lehrerinnen und Lehrer und die Mitschüler. Da war dieser Peter in Ihrer Klasse, der unglaublich gut Fussball spielen konnte. Oder diese Helen, die gross und schnell und erst noch gescheit war. Vielleicht neigten Sie auch dazu, sich Idole aus den Medien anzueignen: Sportler, Models und Schauspieler.

Solange es um Vorbilder aus dem nahen Familienkreis und aus dem sozialen Umfeld ging, lernten Sie am Modell. Sie beobachteten, wie die anderen etwas taten, und ahmten es ganz selbstverständlich nach. Vielleicht versuchte Ihnen Ihr Vater das Fahrradfahren beizubringen. Er gab sich dabei auch wirklich alle Mühe und erklärte, wie das ging, aber als Ihr Schulfreund freihändig und lachend an Ihnen vorbeifuhr, war dies sicher eine grössere Motivation, und Sie schauten es diesem ab.

Als Sie später ein Fan von einer Popsängerin oder einem Fussballspieler wurden, kippte das Lernen am Modell vielleicht in etwas Ungesundes. Natürlich erkannten Sie, dass Sie nicht die Fähigkeiten Ihrer Vorbilder hatten, und trotzdem wünschten Sie sich dies. Hier begannen Sie, jemand anders sein zu wollen als der, der Sie waren.

In diesem Spannungsfeld wachsen viele Menschen auf. Die Medien machen sich dies zu Nutze und produzieren Stars. Sie sind die Produkte kurzlebiger, medialer Trends und dienen dazu, dass man Hoffnungen und Wünsche auf sie projizieren kann. Die Wahrscheinlichkeit, dass die Verehrung solcher Vorbilder ins Irrationale abgleitet, ist möglich. Allerdings sind die meisten Jugendlichen schlauer, als wir es ihnen zutrauen, und sie können treffsicher zwischen Inszenierung und wirklicher Person unterscheiden.

Trotzdem sind wir alle vorsichtig, wenn es um Vorbilder geht. Wir lieben und wir fürchten sie. Wir haben Angst, manipuliert zu werden, denn es gibt sie ja, die Rattenfänger. Wir finden sie in allen Lebensbereichen: in der Wirtschaft, in den Kirchen und in der Politik. Wir fürchten die Populisten, die alles erklären und für jedes Missgeschick einen Sündenbock benennen können.

Wie werden Sie also zu einem positiven Vorbild? Wenn Sie eine Vision in sich tragen und diese von positiven Werten geprägt ist, sind sie schneller ein Vorbild, als Sie denken können. Wenn dazu noch andere Leadership-Dimensionen kommen wie Präsenz, Kommunikation und Gerechtigkeit, werden Sie zu einer umfassenden, positiven Projektionsfläche für Ihre Umgebung.

Sie können daran auch bewusst arbeiten. Finden Sie heraus, was Sie an Menschen, lebenden oder toten, toll und nachahmenswert finden. Stärken Sie bei sich selbst, was Sie bewundern, und schauen Sie, dass Sie im Rahmen Ihrer Möglichkeiten bleiben. Wieder stolpern wir geradezu über die Dimension Selbstreflexion, denn es macht keinen Sinn, dass Sie sich zu einer Person «designen», die Sie gar nicht sein können und sollen. Authentisch bleiben Sie dann, wenn Sie den Rahmen Ihrer ganz persönlichen Möglichkeiten voll auskosten und ausspielen und dabei bescheiden bleiben.

Denn es gibt sie ja, die Rattenfänger. Wir finden sie in allen Lebensbereichen: in der Wirtschaft, in den Kirchen und in der Politik.
Thomas Nast

Charisma

Charisma ist die Gabe eines Menschen, andere durch Worte, Haltungen und Taten zu beeinflussen und für sich zu gewinnen. Ein starkes Charisma kann die Urteilsfähigkeit der Mitmenschen schwächen. Aus diesem Grund kann ein Mensch andere damit nicht nur leicht führen, sondern auch leicht manipulieren.

Ist Charisma eine erlernbare Eigenschaft? Oder ist es eine Gabe, über die einige verfügen und andere nicht? Bei den Umfragen darüber, was einen guten Chef ausmacht, hat sich gezeigt, dass die Franzosen von einem Vorgesetzten Charisma erwarten. In anderen Ländern ist dies in Bezug auf Leadership kein Thema.

Nicht weit weg vom Thema Charisma ist auch das Thema Autonomie. Führt ein charismatischer Redner sein Publikum zu mehr oder zu weniger Autonomie? Können die Anwesenden selbstständig denken und entscheiden? Folgende Situation illustriert das Angesprochene:

Im Saal sassen vielleicht siebzig Gäste. Ich war von den Organisatoren nach England eingeladen worden, Anfang achtziger Jahre waren Leute mit dem Master Practitioner NLP (Neuro-Linguistisches Programmieren) neu und sehr gefragt. Insbesondere der manipulative Aspekt dieser Kommunikationslehre interessierte die Gastgeber. Was sich dann auf der Bühne abspielte, war beschämend. Ein Redner über-

trumpfte den anderen und sprach überzeugender. Es ging um ein Pyramidenverkaufssystem, bei dem sich der Verkäufer sein Verkaufsteam aus den Gästen aufbauen sollte. Je mehr Gäste im Verkaufsteam, welche die teuren Verkaufsschulungen absolvierten, desto mehr konnte man mit und dank ihnen verdienen. Kritische Fragen der Gäste wurden ignoriert und übergangen. Blieb jemand hartnäckig, sassen bald zwei Verkäufer an seiner Seite, und der Kritiker wurde persönlich «behandelt» und mundtot gemacht. Ich war in einem sehr merkwürdigen Film gelandet. Da wurden Saläre versprochen, die es in sich hatten und wodurch die Gier der Anwesenden geweckt wurde. Dabei klang alles ganz einfach und überzeugend. Beinahe so, als ob bisher im Leben der Gäste alles falsch gelaufen sei, weil es doch ab jetzt so einfach weitergehen könnte.

Das Anwenden von Kommunikationstechnologien ist wie das Benützen eines Messers, wir können ein Brot damit mit Marmelade bestreichen oder jemanden erstechen. Kommunikationstechniken sind neutral, es kommt darauf an, was jeder Einzelne damit macht!

Richard Diehl

Andere Male war ich als Gast an religiösen Zusammenkünften. Da wurde munter drauflosmanipuliert und gar mit der Hölle gedroht. In der Politik geht es nicht anders zu. Viele Menschen neigen zu einfachen Antworten.

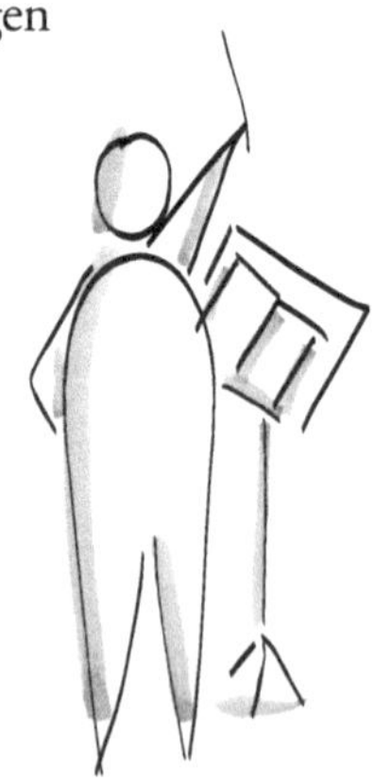

In diesem Sinn hat das zweite P von LP³, die Power beziehungsweise die Wirkung, die wir auf andere ausüben, immer auch eine ethische Dimension.

Negativ angewendetes Charisma spielt mit unseren Emotionen und mit unserer mentalen Faulheit: Man nehme ein Problem, kreise es ein, bausche es auf und verbinde es dann mit einer negativen Emotion. So macht man Themen.

Ein Beispiel: In der Schweiz sind die Züge voll, und die Strassen stauen sich immer an den gleichen Engpässen. Diese Sachlage kreiert überall schlechte Stimmung und Gefühle der Enge, des Ärgers, der Ungeduld. Man kann nun dieses Unwohlsein nehmen und es umdeuten. In der Schweiz wurde dafür das Wort Dichtestress erfunden. Darin leben die Schweizer also. Das ist ungesund. Man sucht aber keine Lösung für das vermeintliche Problem, sondern Schuldige: Die Ausländer sind schuld, allen voran die Deutschen, weil die so gut ausgebildet sind, dass sie die Schweizer genau dort gefährden, wo diese bisher besser waren als andere, in den Berufen mit gutem Bildungsniveau. Das Thema ist gemacht.

Über folgende Fragen lohnt es sich zu diskutieren:

- In welchem Verhältnis stehen Charisma und Leadership?
- Wie ist der Bezug zwischen Charisma und Autonomie?
- Wie ist das Verhältnis zwischen Charisma und Gleichberechtigung in Beziehungen?

Folgende Fragen helfen Ihnen bei der Selbstreflexion:

- Sind Sie eine charismatische Person?
- Wie gehen Sie mit den oben erwähnten Themen im Alltag um?
- Was bedeuten die oben erwähnten Themen für Ihre Entscheidungen?
- Wie gewährleisten Sie die Autonomie der Leute, auf die Sie Einfluss ausüben?

Welche Vorbilder haben Sie und weshalb genau diese?

Notieren Sie sich die Namen von drei lebenden oder bereits verstorbenen Persönlichkeiten, die ein Vorbild für Sie darstellen. Setzen Sie anschliessend zu jeder ein Adjektiv dazu, das beschreibt, was Sie an der Person besonders schätzen.

Mittels dieser einfachen Übung haben Sie Ihren Vorbildern Werte zugeordnet. Werte, die für Sie, in Ihrer aktuellen Lebenssituation, eine Bedeutung haben. Sind dies jene, die Sie im Kapitel Werte noch vergebens gesucht haben? Passen diese Eigenschaften zu Ihrer Vision? Wenn ja, wunderbar! Wenn nein, bleiben Sie geduldig, Ihre Werte werden sich sicher noch einfinden.

Woran stellen Sie nun fest, dass Sie als Vorbild in Ihrer Umgebung wirken? Woran stellen Sie fest, dass Ihre Autorität anerkannt wird?

Wie erlangt man diese? Was hat es mit der sogenannten natürlichen Autorität auf sich? Einerseits wünschen sich Ihre Mitarbeiter überzeugende Führungspersonen. Andererseits begegnen sie führungsstarken

Der wahrhaft Edle predigt nicht, was er tut, bevor er nicht getan hat, was er predigt.

Konfuzius

Personen mit Misstrauen. Gern werden sie eng und vertrauensvoll geführt, noch lieber haben sie es aber basisdemokratisch. Das sind allerdings zwei Hüte, die man sich nicht gleichzeitig aufsetzen kann. Autorität ist eine schwierige Angelegenheit. Wir lassen uns gerne von Lichtgestalten führen wie Barack Obama, aber wir lassen diese, wenn der Erfolg nicht unmittelbar eintrifft, auch rasch wieder fallen.

Man hat festgestellt, dass Führungspersonen in Unternehmungen im Durchschnitt zwei Zentimeter grösser sind als alle anderen. Hat also die Grösse etwas mit Autorität und Vorbild zu tun? Treten diese Menschen anders auf, sind sie präsenter, oder hat ein Mensch mit einer Mission, mit einer Vision und richtungsweisenden Werten Vorbildcharakter, und ist er deshalb bereits eine Autorität?

Charisma und natürliche Autorität werden oft als Zwillingspaar betrachtet. Beides kann man sich nicht erarbeiten. Allerdings können Sie als Beispiel gelten, wenn Sie leben, was Sie sagen, und sagen, was Sie leben!

Noch ein Tipp: Arbeiten Sie an Ihrer Stimme. Machen Sie sich Ihre Stimme bewusst, und geben Sie Ihr mehr Tiefe und Resonanz. Sie werden staunen, welche Wirkung Sie dadurch erzielen. Ein Stimmtraining lohnt sich ganz sicher.

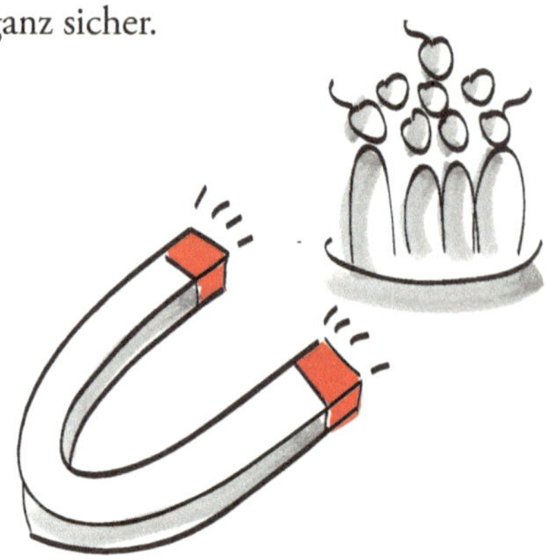

Um das persönliche und/oder unternehmerische Potential für das Vorbild-Sein zu entfalten, gibt es nicht wie bei den anderen Dimensionen zwei, drei gute Werkzeuge, die helfen, dass Sie sich rasch zu einem Vorbild entwickeln. Trotzdem gibt es Dinge, die man im Leben selbst erfährt. Die untenstehenden Vorschläge sind ernst gemeint.

Auf der persönlichen und der Gruppenebene:

Trauen Sie sich. Trauen Sie sich zu, Erfahrungen zu sammeln.
Machen Sie es hin und wieder trotzdem. Trotz der Angst oder gerade deswegen.
Überraschen Sie Ihre Liebsten, und wertschätzen Sie sie.
Geniessen Sie Intimität und Sexualität.
Pflegen Sie Ihre Freundschaften.
Tun Sie etwas Verrücktes.
Tanzen Sie.
Lachen Sie, so oft es geht.
Lernen Sie Fremde und Fremdes kennen und schätzen.
Gehen Sie auf Reisen.
Lesen Sie ein gutes Buch.
Bleiben Sie lebendig.
Nehmen Sie sich nicht so wichtig.

Vorbild-Sein schlicht und einfach

Sie sind vorbildlich, wenn

Sie positive Werte haben und Sie sich fühlbar nach diesen ausrichten
Sie sich in Ihrer eigenen Haut wohl fühlen und dies zeigen dürfen
Sie sagen, was Sie denken, und tun, was Sie sagen, und alles Unnötige sein lassen
Sie Ihre Rollen bewusst wählen, tragen und sobald als möglich wieder loslassen

- Sie sich selbst sind, auch wenn Sie Fehler machen
- Sie mit den Bildern und den Personen, die diese Bilder auf Sie projizieren, immer wieder Ihren Frieden machen
- Sie Ihrer Vision entsprechend leben

Schaffen Sie all dies oder Teile davon, dann ist die Wahrscheinlichkeit hoch, dass Sie für andere ein positives Vorbild darstellen.

Kenne ich meine Wirkung, und werde ich als positives Vorbild wahrgenommen? Werde ich dabei so wahrgenommen, wie ich dies wünsche, oder gibt es Unterschiede zwischen meiner Selbst- und der Fremdwahrnehmung?

Höre ich auf mich? Bemerke ich, was die Projektionen mit mir machen? Bleibe ich bescheiden? Versuche ich ein Bild von mir zu geben, das nicht zu mir passt, das mich zu gross, zu stark oder zu klug darstellt? Höre ich auf mich, wenn mir eine Rolle zu gut gefällt und die Gefahr auftaucht, dass die Rolle wichtiger wird als mein So-Sein? Mache ich mir immer wieder bewusst, dass das Bild, das sich die Menschen von mir machen, lediglich eine Illusion ist?

Mag ich mich, wenn Menschen in mir das Vorbild erblicken? Kann ich es zulassen, im Mittelpunkt zu stehen, und fühle ich mich wohl, wenn die Blicke des Publikums auf mir ruhen? Wie gehe ich damit um, wenn die Menschen in mir jemanden sehen, der etwas besser kann als Sie selbst, und ich tief in mir weiss, dass dies gar nicht stimmt? Mag ich mich in diesen Situationen? Kann ich Ja zu mir selbst sagen?

Der Weg des Himmels

Wahre Worte sind nicht schön,
schöne Worte sind nicht wahr.
Der Gute redekünstelt nicht,
der Redekünstler ist nicht gut.
Der Erkennende ist nicht vielwissend,
der Vielwisser erkennt nicht.

Der heilige Mensch sammelt nicht an.
Je mehr er für die Menschen tut,
desto mehr hat er.
Je mehr er den Menschen gibt,
desto viel mehr hat er.

Des Himmels Weg ist
wohltun und nicht schaden.
Des heiligen Menschen Weg ist
tun und nicht streiten.

Geht man nicht aus der Tür,
kennt man nicht die Welt.
Blickt man nicht aus dem Fenster,
sieht man nicht des Himmels Weg.
Je weiter man ausgeht,
desto weniger kennt man.
Daher: Der heilige Mensch
«nicht geht und noch kennt,
nicht sieht und doch benennt,
nicht tut und doch vollend't».

Der recht Vollkommene ist wie unzugänglich,
sein Wirken aber unvergänglich,
der recht Erfüllte ist wie leer,
sein Wirken erschöpft sich nimmermehr.

Der recht Gerade ist wie krumm,
der recht Gescheite ist wie dumm,
der recht Beredte ist wie stumm.

Bewegung überwindet Kälte,
Ruhe überwindet Hitze,
der Reine und Ruhige ist der Welt Richtmass.

Laotse

Dimension | # Präsenz

PRÄSENZ (lat. praesentia bzw. praesens) bedeutet Zugegensein. Neben ihrer früh nachzuweisenden Verwendung im militärischen Kontext («präsent!» = «zur Stelle», also zur Verfügung stehen; Präsenz zeigen = Anwesenheit demonstrieren) oder ähnlich im Sinne von Geistesgegenwart (ich bin präsent = mein Geist steht mir/dir/uns zur Verfügung) kann auch in anderen Zusammenhängen die Verfügbarkeit von etwas gemeint sein.

Die Leadership-Dimension Präsenz folgt logisch auf die vorderen drei: die Vision, die Werte und das Vorbild. Sie können schwerlich ein Vorbild sein, wenn Sie abwesend wirken. Nehmen wir an, dass der Wert Respekt für Sie wichtig ist. Wie anders kann Respekt jemandem oder etwas gegenüber gezollt werden als im Hier und Jetzt, als mit Präsenz im Sinne von Anwesend-Sein und von Gewahr-Sein? Eine Vision wird nicht wie eine Fahne für alle sichtbar mit sich herumgetragen. Dennoch hat sie mehr Kraft, wenn Sie Ihre Vision innerlich im Fokus behalten. Wenn also die Vision, die Werte und das Vorbild-Sein wirken, ist die Präsenz nicht weit entfernt.

Über dem Vermitteln von Wissen vergessen wir jenes Lehren, das für die menschliche Entwicklung am wichtigsten ist: jenes Lehren, das nur durch die einfache Gegenwart eines reifen und liebenden Menschen gegeben werden kann.

Erich Fromm

Präsenz als Teil von LP³

Eine Führungsperson kann auf drei unterschiedliche Arten präsent sein beziehungsweise Präsenz zeigen:

- physisch, in Krisensituation, wenn es brennt
- mental, in Gesprächen mit vollumfänglicher Aufmerksamkeit
- psychisch, als Schutzengel, Rückendeckung gebend

Sie verfügen über positive und negative (schwierige) Erfahrungen mit Führungspersonen. Anhand des Präsent-Seins beziehungsweise des Nicht-Präsent-Seins eines Vorgesetzten lässt sich unschwer nachvollziehen, was darunter zu verstehen ist. Wenn es hektisch, wenn es schwierig, wenn es herausfordernd ist, zeigt der gute Chef Präsenz. In einem Gespräch mit seinen Mitarbeitern ist er aufmerksam. Er verfügt über die innere Bereitschaft zuzuhören, ja mitzufühlen und mitzudenken. Ist ein Mitarbeiter in einer schwierigen Situation, deckt er diesen. Er stärkt ihn, bei Bedarf verteidigt er ihn. Ein Vorgesetzter mit einer solchen Haltung wird unweigerlich als guter Chef wahrgenommen.

Wissen Sie eigentlich, wie Sie auf andere Menschen wirken? Wie «spürt» man Sie? Wie werden Sie von anderen wahrgenommen? Wirken Sie präsent? Um das herauszubekommen, benötigen Sie Feedbacks aus Ihrer Umgebung (siehe Dimension Kommunikation). Allerdings erhalten Sie ehrliche Feedbacks erst, nachdem Sie in Ihrem Team und möglichst darüber hinaus, in Ihrer Abteilung, ja im Gesamtunternehmen, Feedback als konstruktive Form von Lob und Tadel eingeführt haben. Solange Feedback kein Teil Ihrer Unternehmenskultur ist, sind Sie auf nahe Freunde oder Ihre Familie angewiesen, denn wer sonst ist mutig genug, Sie zu kritisieren? Vorgesetzte stehen alleine da, und je höher Sie auf der Karriereleiter steigen, desto einsamer werden Sie. Doch das muss nicht sein!

Eine Grundvoraussetzung für Präsenz ist die Akzeptanz der eigenen Realität. Die Welt ist oder erscheint uns, wie sie ist. Ich bewege mich in dieser Wirklichkeit, so wie ich mich darin bewegen kann. Nicht besser, aber auch nicht schlechter. Präsent ist jemand, der sich selbst in seiner jeweiligen Wirklichkeit ist, ob diese angenehm oder schwierig ist. Jemand, der versucht, ein Ich-Ideal anzustreben, ist nicht sich selbst. Diese Person wirkt unnatürlich, verspannt und verkrampft. Sie wirkt unecht, weil sie eine Rolle spielt, sie ist nicht authentisch.

> Präsent ist jemand, der sich selbst in seiner jeweiligen Wirklichkeit ist, unabhängig davon, ob diese angenehm oder schwierig ist.
> *David Fiorucci*

Präsent sind wir, wenn
wir uns unserer Stärken und Schwächen bewusst sind
wir uns unseres Einflusses auf andere bewusst sind
wir uns unserer selbst und unserer Stellung in der Welt bewusst sind

Präsent wirken Sie, wenn Sie durch ein natürliches Verhalten auffallen und wenn Sie echt sind. Sie sind nicht besser und nicht schlechter als andere. Im Idealfall können Sie einfach besser führen als Ihre Mitarbeitenden. Drücken Sie sich normal aus, bewegen Sie sich so, wie Sie sich fühlen, und wenn Sie müde sind, darf man dies ab und zu bemerken (solange Sie nicht am Arbeitsplatz einschlafen). Niemand will perfektes Verhalten, und es gibt wenige, die vorgespieltes Verhalten nicht durchschauen. Stehen Sie zu Ihren Schwächen, Ihren Unzulänglichkeiten und zu Ihren Fehlern. Das heisst nicht, dass Sie Ihre schwierigen Seiten wie eine Fahne, für alle sichtbar, vor sich hertragen sollen. Die Mehrheit empfindet auch künstliches Verhalten als negativ und lehnt aufgesetztes Verhalten bei anderen ab. Menschen mit zu starker Selbstkontrolle und einstudierter Mimik wirken befremdlich, und eine überzogene Sprechweise wirkt schnell nur noch lächerlich.

Sie sind präsent, wenn Sie mit sich selbst in Kontakt stehen. Daraus folgt, dass Sie auch mit anderen nur in einer Verbindung sind, wenn Sie sich selbst dabei spüren. Ohne entsteht kein wirklicher Kontakt zu Ihrer Aussenwelt. Dies gilt für Ihr berufliches genau gleich wie für Ihr privates Leben. Die Basis dazu heisst in sich selber stimmig sein. Was sich hier so einfach liest, ist in der Realität verzwickt. Kontakt ist nicht selbstverständlich. In Kontakt treten und bleiben kann sehr herausfordernd sein. Unsere Fähigkeit, in Verbindung zu treten und zu bleiben, wird von klein auf in Frage gestellt. Da gibt es diejenigen, denen in Kontakt sein rasch zu viel ist. Sie fühlen sich überflutet und können Nähe schlecht aushalten. Andererseits gibt es diejenigen, die nie genug kriegen und sich immer noch mehr davon wünschen. Die erste Gruppe fühlt sich zu Werten wie Unabhängigkeit und Freiheit hingezogen. Die zweite Gruppe zu Werten wie Verbindlichkeit und Intimität. Unsere Werte hängen also mit unseren Prägungen aus der Kindheit und Jugendzeit zusammen. Ein Zuviel oder ein Zuwenig an Kontakt in unserer Geschichte beeinflusst die Gegenwart, in der wir leben und wie wir mit Kontakt umgehen können. Fällt er uns leicht, oder meiden wir ihn? Da gibt es einen Unterschied zwischen Privat- und Geschäftsleben. Im privaten Leben «ergänzen» wir uns im Normalfall mit einer Partnerin oder einem Partner, die oder der die andere Kontaktseite verkörpert. Ein Partner fürchtet sich vor Nähe und der andere kann nicht genug davon kriegen.

Wenn wir in unserem Umfeld nachhaltig etwas bewirken, durch unsere Präsenz etwas auslösen wollen, klappt dies nur, wenn wir angemessen in Kontakt treten können. Grundvoraussetzung dafür ist, das Sie zunächst «bei sich selber sind», so sind Sie authentisch, echt und «stimmig». Wenn Sie dazu neigen, sich durch Gefühle überflutet zu fühlen, lernen Sie, Ihre Mitte festzuhalten und die Gefühle von Nähe und Überflutung auszuhalten. Wenn Sie nicht genug Kontakt kriegen können, bleiben Sie in Ihrer Mitte, und erlauben Sie dem Gegenüber, bei sich selbst bleiben zu dürfen.

Bei jedem In-Kontakt-Treten zeigt man immer (auch) sich selber und ist gegenüber der Aussenwelt ausgestellt. Man ist exponiert. Dies kann bedeuten, dass die eigene Selbstsicherheit in Frage gestellt ist. Da ist es zuweilen schwierig, wie gewohnt zu wirken und sich innerlich ruhig zu fühlen.

Sich selber sein heisst auch, nicht perfekt zu sein. Perfektes Verhalten im Alltag und erst recht in der Führung ist nicht notwendig und auch nicht möglich. Ihre Mitarbeiter werden von geschliffenen, unpersönlichen Vorgesetzten nicht berührt – bestenfalls kurz beeindruckt. In einem perfekten Umfeld ist auch keine funktionierende Fehlerkultur möglich. Wir werden von klein auf dafür bestraft, Fehler zu machen. Das beginnt bei schlechten Noten. Wir versuchen also, keine Fehler zu produzieren beziehungsweise diese, wenn es doch welche gibt, zu verstecken. Dabei lernen wir durch Fehler. Jedes Kind, das gehen lernt, zeigt uns diese Wahrheit eindrücklich auf. Es geht einige Schritte und fällt um. Es steht mühsam wieder auf, und die Eltern unterstützen es begeistert dabei. Der nächste Gehversuch scheitert wieder, aber das Kind ist zwei Schritte weiter gegangen. Die Eltern belohnen es mit Lachen und Freude dafür. Fehler sind menschlich, nur machen Sie den gleichen Fehler nicht zu oft. Sie sind kein Baby mehr, das bei Gehversuchen hunderte Male hinfällt und wieder aufsteht.

> Selbstsicher fühlt man sich dann, wenn Selbst- und Fremdbild deckungsgleich sind und wenn es Ihnen keine Mühe bereitet, Nein zu sagen!
>
> *Thomas Nast*

Machen Sie einmal den Test, seien Sie bewusst unhöflich, und hören Sie jemandem bei einer Unterhaltung nicht zu. Verweilen Sie beim Sprechenden, aber signalisieren Sie ihm über Ihre Körpersprache, dass Sie an diesem Gespräch nicht interessiert sind. Zeigen Sie also bewusst keine Präsenz. Diese Umkehrung macht deutlich, wie kraftvoll Präsenz ist. Fehlt sie, ist kein Gespräch möglich. Ihr Gegenüber steht schnell verwirrt da und sucht nach Möglichkeiten, das Gespräch abzubrechen, das sowieso nicht stattfindet, weil Ihre Präsenz fehlt. Dabei gibt es Unterschiede, was den Grad des Präsent-Seins anbelangt. Ein Mitarbeiter hat es verdient, dass Sie sich ganz auf ihn einlassen und dass Sie auch einen wirklichen Kontakt zu ihm herstellen.

Dies sind die zielführenden Fragen, um Ihr Potential, Ihre Power und Ihre Performance in Bezug auf Präsenz zu hinterfragen und zu verstehen:

Wann fällt es Ihnen schwer, Ihre volle Aufmerksamkeit Ihrem Gesprächspartner zu widmen?

Woran genau stellen Sie fest, dass sich Ihre Präsenz (physische, psychische, «Schutzengel») positiv auf Ihre unmittelbare Umgebung auswirkt?

Welche Key Performance Indicators haben mit der Präsenz Ihrer Abteilung im Unternehmenskontext zu tun?

Folgende Aussagen helfen Ihnen bei der Selbstreflexion:

Ich bin ein guter Zuhörer.

Ich gebe meinen Mitarbeitenden in jeder Situation Rückendeckung.

Ich bin erreichbar, wenn ich von meinem Team gebraucht werde.

Ich bin vor Ort, wenn es brennt.

Präsenz einmal anders

Bestimmt ist es Ihnen auch schon passiert, dass Sie mit jemandem gesprochen haben, und derjenige hat Ihnen nicht zugehört. Dies kann in einem Zweiergespräch passieren, wenn der andere mit seinen Gedanken abwesend ist. Dann räuspern Sie sich vielleicht, suchen den Blickkontakt oder heben die Stimme an, um auf sich aufmerksam zu machen. Schwieriger ist es, wenn Sie zu einer Gruppe sprechen, die Ihnen keine Aufmerksamkeit schenkt. Erinnern Sie sich an Ihre Schulzeit? Wann waren Sie wirklich aufmerksam im Sinne von Zuhören, von Anwesend-Sein, von Präsent-Sein? Erinnern Sie sich an eine langweilige Schulstunde, und stellen Sie sich selbst die Frage, während wie vieler Minuten Sie wirklich im Unterricht dabei waren und mitdachten, Fragen stellten und Notizen machten. Waren es zehn Minuten? Wie auch immer Ihre Antwort lautet, Sie waren physisch anwesend, aber Ihr Geist wanderte herum. Präsenz heisst also auch ganzheitlich dabei sein, lebendig anwesend sein im Hier und Jetzt. Wenn Sie in der Gegenwart sind, befinden Sie sich

He's a real nowhere man sitting in his nowhere land making all his nowhere plans for nobody.

John Lennon und Paul McCartney

im einzigen Raum, zur einzigen Zeit, in der Sie tatsächlich existieren. Genau jetzt und genau hier. Wenn dies nicht so ist, sind Sie in Ihren Traumwelten, in Tagträumen, in Wunschvorstellungen und in inneren Problemwüsten am «Surfen». Der Vergleich mit dem Surfen im Internet kommt der Sache nahe. Sie springen von Gedanken zu Gedanken, von Bild zu Bild, von Angstvorstellung zu Angstvorstellung. Aber anwesend sind Sie nicht. Sie sind sich Ihrer selbst und Ihrer Umgebung nicht gewahr.

Lag dieser Mangel an Präsenz nun an Ihnen, an Ihrem Lehrer, oder lag es vielleicht an beiden? Gab es viele Lehrerinnen und Lehrer, die über die notwendige Präsenz verfügten, um Sie im Unterricht zu fesseln? Ich behaupte, es waren eher wenige. Stellt sich die Frage, ob eine Lehrerin oder ein Lehrer überhaupt über Präsenz verfügen soll. Muss ein Professor an der Universität, um den Bogen weiter zu spannen, präsent sein, um Präsenz auszulösen? Darf man von einem Abteilungsleiter, ja von einem Unternehmer verlangen, dass er seine Präsentation ansprechend vorträgt und dass er dabei mit sich selbst so in Kontakt steht, dass er ein Gefühl für sein Publikum entwickeln kann und dass es ihm Spass macht, gerade weil er wach, aufmerksam und präsent ist? Die Antwort lautet Ja. Denn einem präsenten Lehrer, einem innerlich bereiten Professor und einem aufmerksamen Abteilungsleiter hört man gerne zu. Lehrerinnen und Lehrer, Referenten, Dozenten und Professoren sind auch Führungspersönlichkeiten. Es kann nicht sein, dass gerade an Universitäten auf die Redequalität so wenig Wert gelegt wird. Was in der Wirtschaft akzeptiert ist, nämlich dass Führung nur zu einem kleinen Teil auf Fachkompetenz zurückzuführen ist, gilt auch für andere Bereiche. «Führungswüsten», Institutionen, in denen Leadership-Kompetenzen wenig Beachtung finden, sind neben Universitäten Spitäler und religiöse Institutionen. Dabei gibt es selbstverständlich wunderbare Ausnahmen. Befragen Sie bei Gelegenheit Studenten nach dem Führungsverhalten ihrer Professoren …

Als ein Vater seinen zwölfjährigen Sohn fragte, was er sich zum Geburtstag wünsche, antwortete dieser: «Papa, ich möchte dich!» Der Vater arbeitete die ganze Zeit und war selten zu Hause. Sein Sohn war eine Glocke der Achtsamkeit, die ihn daran erinnerte, dass das kostbarste Geschenk, das wir unseren Liebsten machen können, unsere wirkliche Gegenwart ist.

Thích Nhất Hạnh

Krisen

Die Krise (griechisch krisis = ursprünglich Meinung, Beurteilung, Entscheidung, später mehr im Sinne von «Zuspitzung») bezeichnet eine problematische, mit einem Wendepunkt verknüpfte Entscheidungssituation.

Krisen gehören zum Leben dazu. Wie Sie sie erleben und meistern, lässt sich allerdings stark beeinflussen. Ihre Mitarbeiter erwarten in Krisensituationen Orientierung und Unterstützung von Führungskräften. Wie aber «funktioniert» eine Krise?

Krise ist ein produktiver Zustand. Man muss ihr nur den Beigeschmack der Katastrophe nehmen.

Max Frisch

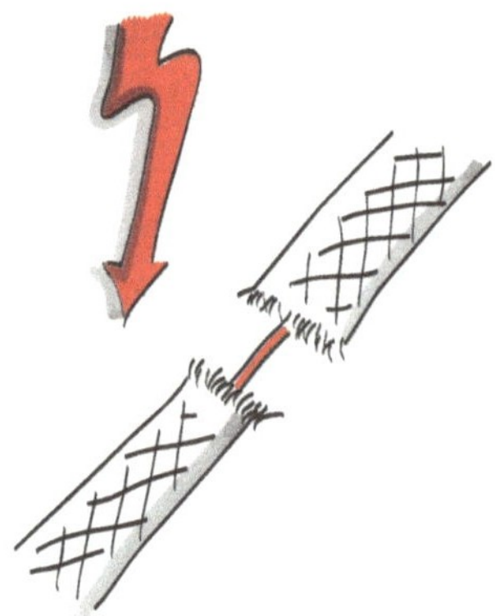

4-Zimmer-Modell

Eine Krise stellt in den allermeisten Fällen den Anfang eines Veränderungsprozesses dar. Das 4-Zimmer-Modell zeigt auf, wie ein solcher abläuft:

- Der **Raum 1** symbolisiert **Zufriedenheit.** Zufriedenheit im Sinn von «es ist gut, so wie es ist». Wenn wir gestört werden, wenn Krisen sichtbar werden, wenn Konflikte aufflackern, können wir nicht im Raum 1 und in der Zufriedenheit verweilen. Wir betreten, ob wir wollen oder nicht, Raum 2.
- **Raum 2** symbolisiert die **Verneinung.** Sie mögen diesen Raum nicht. Sie wünschen sich in die Zufriedenheit zurück. Raum 2 steht für die Ablehnung von dem, was gerade passiert. Sie wollen sich

nicht ärgern. Sie wollen sich nicht verlassen fühlen. Dieser Raum ist das Gefäss für Ihre unerwünschten (negativen) Emotionen. Wenn Sie Ihre Arbeit verlieren, löst dies Gefühle der Angst und Unsicherheit aus. Wenn Sie einen Freund oder einen Partner loslassen müssen, löst dies Gefühle der Einsamkeit aus, und Sie fühlen sich von der ganzen Welt verlassen. Um sich zu schützen, lehnen Sie diese Gefühle bei ihrem Auftauchen instinktiv ab, Sie verneinen sie. Vielleicht neigen Sie dazu, Schuldzuweisungen auszusprechen und jemanden für Ihre schweren Gefühle verantwortlich zu machen. Sie projizieren von sich weg, weil Sie mit der Fülle der unangenehmen Gefühle überfordert sind. Vielleicht verdrängen Sie diese unguten Gefühle. In beiden Fällen schützen Sie sich selbst vor einem Zuviel an Empfindungen. Sie können sich der Wirklichkeit und dem Schmerz noch nicht stellen.
Unmittelbar nach dem zweiten Raum betreten Sie den **Raum 3.** Dieser steht für die **Verwirrung.** Jede Krise löst Gefühle der Ratlosigkeit aus. Sie wissen nicht, wie es weitergeht. Sie wünschen sich in den nächsten Raum, in den Raum 4 und die Erneuerung. Doch so einfach geht das nicht, also gehen Sie zurück in den Raum 2, ärgern sich und sind wütend und versuchen es wieder im dritten Raum. Das kann eine lange Weile so hin und her gehen, Wochen, Monate, ja Jahre. Einige resignieren dabei.
Um den **Raum 4** betreten zu können, bedarf es wenig, und doch ist es für manche je nach Situation zu viel. Die **Erneuerung** betreten Sie erst, wenn Sie Frieden mit Ihrer Wirklichkeit und mit Ihrer unmittelbaren Vergangenheit geschlossen haben. Wenn Sie akzeptieren, dass Sie ganz genau da im Leben stehen, wo Sie jetzt sind und wo das Leben Sie hingeführt hat. Sie fühlen sich traurig? Gut! Sie fühlen sich verzweifelt? Verständlich! Sie fühlen sich wütend? Ja, klar! Wenn Sie die Herausforderungen der Räume 2 und 3 annehmen können und sich nicht woandershin wünschen und wenn Sie die Gefühle, welche Sie in ihnen erlebten und erleben, ertragen, dann geht es weiter, dann ist ein erster Schritt in den Raum 4, in die «Erneuerung», getan.

Ihre Mitarbeiter erwarten zu recht von Ihnen, dass Sie fähig sind, ihnen in Krisensituationen Orientierung und Unterstützung zu geben. Stehen Sie ihnen mit Rat und Tat zur Seite. Folgendes können Sie darüber hinaus tun:

- Geben Sie den Emotionen, denen Ihrer Mitarbeiter und den eigenen, Raum, und nehmen Sie sich Zeit.
- Überprüfen Sie Ihre eigene Sichtweise und diejenige Ihrer Teammitglieder, reflektieren Sie die Situation gründlich.
- Erinnern Sie sich an bewältigte Krisen aus der Vergangenheit.
- Sprechen Sie mit Freunden und Bekannten über Ihre Situation.
- Analysieren Sie Ihre Stärken (die gehen in einer Krise manchmal vergessen).
- Vergessen Sie wegen der Krise Ihre Erfolge nicht, und feiern Sie diese.

Aktiv zuhören

Wenn Sie fähig sein wollen, für Ihre Mitarbeitenden in Krisensituationen physisch und psychisch präsent zu sein, also dann, wenn es «brennt», sollten Sie sich zu einem guten Zuhörer entwickeln. Damit man Ihnen in Krisen überhaupt zuhört, sollten Sie lange vor der Krise eine tragende, auf Vertrauen basierende Beziehung zu Ihren Mitarbeitern aufbauen. Denn Vertrauen erhalten Sie nur, wenn Sie Vertrauen schenken. Sie lernen also, sich zu öffnen und etwas von sich preiszugeben. Sie zeigen sich, und zwar nicht als den unfehlbaren Chef, sondern als einen Menschen aus Fleisch und Blut. Ihre Mitarbeiter haben ein Anrecht auf einen Vorgesetzten, der greifbar ist, den man versteht. Wenn Sie ein Chef sind mit einer Vision, mit Werten, wenn Sie ein Vorbild sind und erst noch wach und präsent im Hier und Jetzt, werden Sie keine Schwierigkeiten haben, Situationen zu kreieren, in denen sich Ihre Mitarbeiter ein Herz fassen und Sie ins Boot holen. Dann erzählen Ihnen diese von ihren Krisen, und Sie bleiben dadurch handlungsfähig.

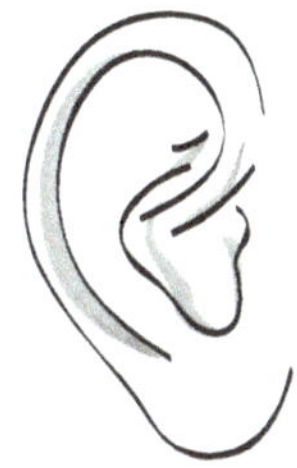

Ein Beispiel für Vertrauen? Vor vielen Jahren arbeitete Josef für eine Fachhochschule in Bern. Im Auftrag dieser Institution coachte er Kadermitarbeiter einer Firma aus der Finanzbranche. Gleichzeitig kam die Scheidung von seiner Frau in die entscheidende, letzte Phase. Das ging Josef nahe und beschäftigte ihn sehr. Er ging deshalb zu seinem Vorgesetzten und erklärte, dass er sich zurzeit nicht fähig fühle, ein guter Coach zu sein. Er habe einfach zu viel um die Ohren. Josefs Vorgesetzter war sehr froh über diese Offenheit. Sie sprachen lange, Josef fand in seinem Chef einmal mehr einen Vorgesetzten, der zuhören konnte. Josef wurde daraufhin für ein, zwei Monate anders beschäftigt, und so war allen gedient. Der Kunde hatte Verständnis und keine Qualitätseinbusse bei den Coachings. Die Fachhochschule setzte einen Stellvertreter für Josef ein, und dieser hatte einen freieren Kopf, um sein privates Leben zu ordnen. Dass Josef den Mut aufbrachte, seinen Vorgesetzten zu informieren, lag daran, dass zwischen den beiden bereits ein Vertrauensverhältnis vorhanden war. Nachdem Josef seine Angelegenheiten erledigt hatte, war das Arbeitsverhältnis schnell wieder wie früher, nur dass zwischen ihm und seinem Vorgesetzten noch mehr Wertschätzung entstanden war.

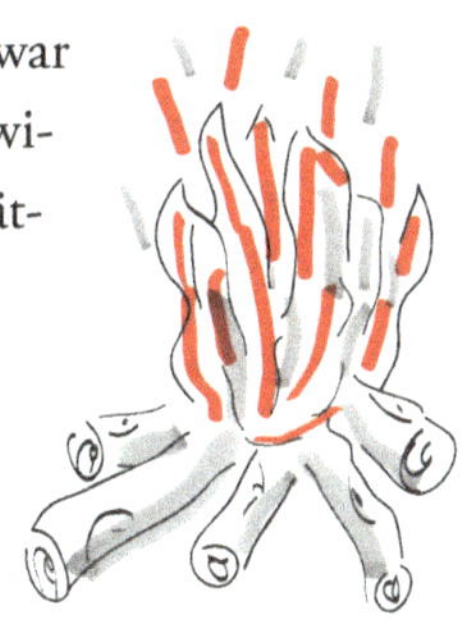

Wenn Sie wirklich aktiv zuhören, sind Sie mit hundert Prozent Ihrer Aufmerksamkeit bei Ihrem Gesprächspartner. Sie hören zu, Sie denken mit, und Sie fühlen sich in Ihr Gegenüber hinein. Gleichzeitig signalisieren

Die schönsten Menschen sind diejenigen, die Niederlagen, Leiden, Kampf und Verlust erfahren haben und ihren Weg aus diesen Tiefen herausgefunden haben.

Elisabeth Kübler-Ross

Sie, dass Ihr Interesse wach ist: Sie stellen Fragen, Sie nicken. Ihre Körpersprache und Ihre Mimik spiegeln Ihr Gegenüber. Vielleicht fassen Sie ab und zu das Gehörte zusammen. Machen Sie den Selbstversuch, schaffen Sie eine Gelegenheit, um aktiv zuzuhören, und lernen Sie, falls Sie dies nicht bereits können, sich zurückzunehmen. Kommunikation ist mehr zuhören als sprechen (siehe Dimension Kommunikation). Ermuntern Sie Ihr Gegenüber zu sprechen. Motivieren Sie Ihren Gesprächspartner, seien Sie neugierig, vielleicht sind Sie sogar zurückhaltend fordernd. Seien Sie geduldig. Blicken Sie Ihren Partner in Gesprächspausen offen an, und warten Sie länger als dieser. Haben Sie den Mut zur Lücke.

Sie werden über das Resultat überrascht sein. Die meisten Menschen lieben es zu sprechen, und mit dem richtigen, zuhörenden Gegenüber fühlt man sich ernst genommen, und man fasst Vertrauen. Dieses Vertrauen ist die Grundlage des aktiven Zuhörens, es ist auch die Voraussetzung, um führen zu können.

Einige Tipps:

- Nehmen Sie sich Zeit.
- Unterbrechen Sie Ihr Gegenüber nicht.
- Hören Sie mit dem Herzen zu.
- Fassen Sie Gefühle in Worte.
- Verstehen Sie den anderen, und spiegeln Sie Ihr Verständnis oder fragen Sie nach.
- Wiederholen Sie in eigenen Worten den Kern des Gesagten.
- Führen Sie Ihren Gesprächspartner sachte von der Oberfläche in die Tiefe.

Schutzengel

Ein Schutzengel steht mit seiner Integrität und mit seiner Präsenz dafür ein, dass sich seine Teammitglieder sicher fühlen dürfen. Für den Mangel an Schutzengel-Präsenz gibt es zahlreiche Beispiele, die Sie beliebig ergänzen können: Vorgesetzte, welche die eigenen Fehler einem Mitarbeiter in die Schuhe schieben. Vorgesetzte, die den Mut nicht haben, das Verhalten eines Mitarbeiters gegenüber einer Drittperson zu stützen. Vorgesetzte, die zu schwach sind, gegenüber dem eigenen Chef in der Linie die eigene Crew zu schützen. Wenn eine Vision gelebt wird, wenn Werte definiert sind, wenn der Wille, vorbildlich zu handeln, da ist, dann fällt es einem leicht, ein Schutzengel für sein Team zu sein.

Reflektieren Sie darüber, wenn es Ihnen schwer fällt, Ihrem Gesprächspartner Ihre volle Aufmerksamkeit zu widmen. Ist es dann, wenn es brennt? Gelingt es Ihnen kaum, in Gesprächen mit vollumfänglicher Aufmerksamkeit psychische Präsenz zu zeigen? Oder sind Sie ein mässiger Schutzengel, dem es schwer fällt, sein Team zu schützen?

Präsent-Sein schlicht und einfach

Sie sind präsent, wenn Sie mit Ihrer ganzen Anwesenheit im Hier und Jetzt sind und wach realisieren, was um Sie herum passiert. Sie können auf Ihre Umgebung Einfluss nehmen, ohne den Kontakt zu sich selbst zu verlieren. In Krisensituationen sind Sie für Ihre Mitarbeiter ansprechbar und begegnen diesen mit Ihrer ganzen Präsenz. So erhalten Ihre Mitarbeiter Rückendeckung, wenn sie diese benötigen.

Um das persönliche und/oder unternehmerische Potential für das Präsent-Sein zu entfalten, helfen folgende Tools.

Auf der persönlichen und der Teamebene

Unter **aktivem Zuhören** wird in der interpersonellen Kommunikation die gefühlsbetonte (affektive) Reaktion eines Gesprächspartners auf die Botschaft eines Sprechers verstanden. Der US-amerikanische Psychologe und Psychotherapeut Carl Rogers hat das aktive Zuhören erstmals beschrieben.

Das **4-Zimmer-Modell,** «The Four Rooms of Change» nach Colin Wilson. Gerhard W. Grieb und Thomas Nast haben das 1975 aus der Trauma-Arbeit entstandene Modell für Anwendungen im Einzel- und Teamcoaching bearbeitet. Das 4-Zimmer-Modell beschreibt den Ablauf einer Krise (siehe S. 78 f.).

Das **Stufenmodell der psychosozialen Entwicklung** ist ein entwicklungspsychologisches Modell des Psychoanalytikers Erik H. Erikson. Neben den psychosexuellen Phasen, die Freud beschreibt, postuliert Erik H. Erikson die psychosozialen Phasen der Ichentwicklung, in denen der Einzelne eine neue Orientierung zu sich selbst und zu den Personen seiner Umwelt findet, die Freud auf das Kindesalter beschränkt. Für jede Phase werden Entwicklungsaufgaben formuliert, die positiv oder negativ bewältigt werden können.

Das **5-Phasen-Modell** der emotionalen Entwicklung bei Veränderung basiert auf einem Modell zur Trauerforschung von Elisabeth Kübler-Ross. Sie fasst die psychischen Vorgänge im Zusammenhang mit dem nahenden Tod in fünf Sterbephasen zusammen.

Rhetorik (altgriechisch für die Redekunst) ist die Kunst der Beredsamkeit. Sie war schon in der griechischen Antike als Disziplin bekannt und spielte insbesondere in den meinungsbildenden Prozessen Athens und anderer Stadtstaaten eine herausragende Rolle. Auch heute wird in rhetorischen Trainings die Präsenz des Redners gewichtet und trainiert.

Führungstraining mit Pferden im Sinne von Präsenztraining. Das Fluchttier Pferd zeigt Ihnen mit unglaublicher Präzision auf, ob Sie präsent sind oder nicht (siehe auch Seite 85 ff.).

Kenne ich mich beziehungsweise erkenne ich, wann ich präsent bin und wann nicht? Weiss ich, wie es sich in mir anfühlt, wenn ich ganz wach und anwesend bin?
Ich weiss darum, dass präsent sein einen hohen Grad an Aufmerksamkeit bedingt und dass es wichtig ist, dabei den Kontakt zu mir selbst nicht zu verlieren.

Höre ich auf mich, das heisst, weiss ich, dass der Selbstkontakt der Schlüssel zur Präsenz ist? Überprüfe ich jeweils, ob der Kontakt zu mir steht, oder gehe ich davon aus, dass ich präsent genug bin, die Ansprüche von ausserhalb zu befriedigen? Es ist leicht, sich selbst etwas vorzumachen. Höre ich auf meine innere Stimme in schwierigen Situationen?

Mag ich mich? Mag ich mich im Präsent-Sein? Fühle ich mich dabei stark und authentisch, oder zittere ich innerlich vor Anspannung?

Überprüfen Sie die Erwartungen Ihrer Mitarbeiterinnen und Mitarbeiter an Sie in Bezug auf Ihre Präsenz. Haben diese wirklich das sichere Gefühl, dass Sie vor Ort sind, wenn es brennt? Vertrauen Ihre Mitarbeitenden darauf, dass sie bei Fehlern oder Problemen die notwendige Unterstützung und Rückendeckung erhalten? Sind Sie in schwierigen Augenblicken der Schutzengel für Ihre Leute?

Die kleine Präsenz-Geschichte

Als ich die Anfrage einer schweizerischen Telekommunikationsunternehmung erhielt, war ich erst skeptisch: Führungstraining mit Pferden? Ich hatte bereits davon gehört. Man übt heute ja auch mit Hunden und Elefanten und mit Delphinen. Jetzt sollten es also Pferde sein. Ich traf den Trainer im Schweizerischen Nationalgestüt in Avenches. Wir befanden uns gemeinsam in seinem «Roundpanel». Gemeinsam hiess: der Pferdeflüsterer, ich und ein riesengrosser Hengst. Er nannte mir dessen Namen. Ich vergass ihn gleich wieder. Sie müssen wissen, dass ich Angst vor Pferden hatte. Diese Tiere sind einfach zu gross, doch zugegeben, auch wunderschön. Mein Auftrag? Ausprobieren, was es mit diesen Pferdetrainings auf sich hat, um gegebenenfalls solche mit meinem Kunden durchzuführen.

Der Pferdetrainer schilderte mir zuerst seinen Werdegang vom Krisenmanager und «Troubleshouter» einer internationalen Maschinenunternehmung als Ingenieur bis hin zum Pferdetrainer. Ein Leben voller Höhen und tiefer Täler. Dann erklärte er mir die Pferdeseele. Die grossen Tiere würden nicht auf unsere Worte, dafür auf unsere Präsenz reagieren. Als Fluchttiere lesen sie unsere Körpersprache. Sie erkennen unsere Absichten, bevor wir diese selber realisieren. Ein Pferd reagiere zwanzigmal stärker als ein Mensch, und zwar auf alles: auf unsere Ängste wie auch auf Gefühle des Vertrauens. Es erkenne unsere Absichten und Erwartungen an jeder kleinsten Bewegung unseres Körpers – in jeder Gemütsregung. Deshalb seien sie der perfekte Spiegel für uns. Weil Sie Fluchttiere seien, läsen sie unsere innere Verfassung und reagierten darauf. Im Umgang mit Pferden sei Gelassenheit und kraftvolle Präsenz der Schlüssel, um mit ihnen einen partnerschaftlichen Umgang zu pflegen. Weder unsere verbale Kommunikation noch unsere «unkontrollierten» Bewegungen verstehe das Pferd. Unsere bewusste Körpersprache und innerliche Verfassung realisiere es sofort, jede Aktion und Reaktion wirke sich unmittelbar auf das Pferd aus – positiv wie negativ. Bis zu dem Moment, wo das Pferd uns Vertrauen schenke, weil wir seine «Sprache» erlernt hätten und uns richtig bewegten und verhielten. Daraus entstehe die vom Menschen wie auch vom Pferd angestrebte harmonische Beziehung. Sie basiere auf Vertrauen.

Schöne Worte! Ich jedoch stand diesem Ungetüm jetzt leibhaftig von Angesicht zu Angesicht gegenüber, und ich musste dazu in die Höhe schauen. Ich nahm meine Angst bei der Hand und glaubte dem Pferdetrainer, dass dieses Wesen mir keinen Schaden zufügen wollte. Ich wollte dies ja auch nicht. Nach einer Stunde «gehorchte» mir das Pferd. Meine Furcht war verschwunden und einem durchaus gesunden Respekt gewichen. Ich hatte mich erinnert, was Präsenz wirklich heisst, und war dankbar dafür. Das Pferd hiess übrigens Artus.

Dimension | # Entwicklung und Führung

ENTWICKLUNG UND FÜHRUNG umfasst alle Massnahmen mit dem Ziel, Menschen zu befähigen und anzuleiten, so dass sie ihre Aufgaben in betrieblichen Arbeitssystemen erfolgreich und effizient bewältigen und sich neuen Herausforderungen selbstbewusst und motiviert stellen können.

Mit der Dimension Entwicklung und Führung betreten Sie eine neue Bühne. Die vier vorderen Dimensionen sind Aspekte des Leadership, die jeder Leader in sich und für sich zum Wohle seiner Mitarbeiter erarbeitet und entwickelt. Die Dimension Entwicklung und Führung betrachtet intensiv das Wie-tue-ich-etwas. Wie entwickle ich mich selbst und andere? Wie leite ich mich von A nach B, und wie tue ich dies mit und für meine Mitarbeitenden? Wenn ein Leader eine Vision entwickelt hat, die auf starken und nachhaltigen Werten basiert, wenn ein Führer eine positive Vorbild-Funktion innehat und fähig ist, im Hier und Jetzt präsent zu sein, beginnt die Aufgabe der Entwicklung vom Personal und auch die Führung von Menschen, Aufgaben und vom Geschäft.

Entwicklung und Führung als Teil von LP³

Eine Kernaufgabe von Führungskräften ist die Weiterentwicklung und das Führen von Menschen, aber auch von Aufgaben und vom Geschäft. Die Mitarbeiter erwarten einerseits, dass sie mit den klassischen Methoden geführt werden, zum Beispiel durch Festlegen von Zielen. Andererseits erwarten sie, dass die Führungskräfte sie aktiv weiterentwickeln. Wobei die Verantwortung für diese Weiterentwicklung eine Hol- und eine Bringschuld darstellt. Unbestritten ist, dass sich ein Chef für seine Mitarbeitenden interessieren muss. Er kennt die Stärken und Schwächen seiner Crew und kann die Fähigkeiten jedes Einzelnen optimal einsetzen. Er hat ja, wie bei der Dimension Präsenz beschrieben, eine auf Vertrauen basierende Beziehung aufgebaut.

Der Traum jeder Führungskraft ist es, das beste Team zu haben. Sie sind bereits auf dem Weg dazu. Betrachten Sie die nebenstehende Skizze. Ein Hochleistungsteam ist ein gutes Team mit einem guten Leader, das sich weiterentwickelt (oben rechts). Das zweitbeste Team ist das gute Team mit einem schlechtem Leader (unten rechts), und erst jetzt folgt das schlechte Team mit gutem Leader (oben links). Weshalb ist dies so? Das zweitbeste Team, dasjenige mit mässigem oder schlechtem Führer, aber guten Teammitgliedern, funktioniert in der Regel auch ohne Führung. Während 90 Prozent der Arbeitszeit erledigt es seinen Job auch so gut. Andererseits benötigt das beste Team sowohl Topteammitglieder wie auch einen guten Boss. Um solch ein Team zu formen, können Sie also an zwei Enden mit der Arbeit beginnen: bei sich selbst und indem Sie Ihre Mitarbeiter entwickeln. In Tat und Wahrheit führt das eine selbstverständlich zum anderen. Wie Sie sich selbst entwickeln können, haben Sie den bereits erläuterten Dimensionen entnommen. Jetzt wenden Sie das Gelernte auch auf Ihre Mitarbeiter an. Trainieren Sie Ihre Mitarbeiter!

Das beste Team ist nicht homogen, ein heterogenes Team ist immer besser oder schlechter als ein homogenes Team. Wenn Sie also darauf achten, dass in Ihrem Team unterschiedliche Menschen mit unterschiedlichen Fähigkeiten Platz haben, beschleunigen Sie die Entwicklung sowohl des Teams als auch der einzelnen Teammitglieder ganz

beachtlich. Man wird voneinander lernen. Sie müssen lediglich ein Klima von Akzeptanz und gegenseitigem Respekt schaffen.

Um sich sicher zu sein, dass Sie diesen notwendigen Rahmen für gegenseitiges Lernen kreieren, stellen Sie sich folgende Fragen:

- Wie machen Sie Unterschiede im Team sichtbar?
- Wie oft fordern Sie alternative Standpunkte ein?
- Existiert eine positive Komplementarität im Team?

Die beste Methode, um die Intelligenz eines Führenden zu erkennen, ist, sich die Leute anzusehen, die er um sich hat.
Niccolò Machiavelli

Entwickeln und Führen von Mitarbeitern stellt immer auch Anforderungen an die persönlichen Fach-, Methoden-, Sozial- und Ich-Kompetenzen. Wenn wir von nachhaltigem Entwickeln und Führen sprechen, richten wir unser Augenmerk folglich auf die aufgaben- wie auch auf die mitarbeiterbezogenen Ebenen. Sie sind eng miteinander verzahnt, und es lässt sich auch nicht grundsätzlich beurteilen, welche Ebene wichtiger oder weniger wichtig ist.

Welche Qualifikationen sollte eine Person für eine Führungstätigkeit idealerweise mitbringen? Welche Fähigkeiten stellen ein Muss für den Führungserfolg dar, und welche sind wünschenswert, also «nice to have»? Natürlich ist es nicht möglich, ein allgemeingültiges Anforderungsprofil für Führungspersonen zu erstellen, weil sich die Führungsaufgaben zu sehr voneinander unterscheiden. Weil wir darauf angewiesen sind, situativ zu führen. Das Reifegradmodell von Paul Hersey und Kenneth H. Blanchard greift diesen Aspekt auf.

Der Reifegrad zeigt sich in zwei Dimensionen:

- die psychologische Reife der Mitarbeitenden beziehungsweise ihr Selbstvertrauen, ihre Einsatzbereitschaft und Motivation
- die Aufgabenreife beziehungsweise das Wissen und Können der Mitarbeitenden

Komplementarität und Vielfalt

Komplementarität ist ein Begriff aus der Erkenntnistheorie. Sie beschreibt zwei widersprüchliche, einander ausschliessende, nicht aufeinander reduzierbare Versuchsanordnungen, die aber in ihrer wechselseitigen Ergänzung zum Verständnis eines Phänomens oder Sachverhaltes im Ganzen notwendig sind. Diesen Begriff hat der Physiker Niels Bohr als Komplementaritätsprinzip in die Quantenphysik eingeführt, er wurde anschliessend auf viele Gebiete übertragen. Deshalb ist der Begriff vieldeutig und meint häufig nur noch ein grundsätzliches Sowohl-als-auch. Komplementarität lässt sich in Teams mit Mitgliedern verschiedenster Herkunft (Diversity) erarbeiten. Nutzen Sie in Ihrem Team die soziale Vielfalt. Es geht dabei nicht nur um die Akzeptanz unterschiedlicher Herkunft, sondern vielmehr um die Wertschätzung dieser Vielfalt zum Nutzen des unternehmerischen Erfolges.

Situativ führen

Einige grundsätzliche Gegebenheiten zum Thema Führen seien hier aufgelistet:

- Führen ist eine Leitungsfunktion in einem Unternehmen.
- Führung dient der optimalen Zielerreichung.
- Führung beeinflusst das Verhalten der geführten Mitarbeiter.
- Führung bezieht sich auf bestimmte Arbeitssituationen und entsprechend konkrete Aufgaben.
- Indirekte Führung bezieht sich auf Strategie, Struktur und Kultur einer Unternehmung.
- Direkte Führung besteht im Dreieck Führungsperson, geführte Person und Aufgabe. Dabei geht es beispielsweise darum, motivierende Zielsetzungen festzulegen und Aufgaben, Kompetenzen und Verantwortlichkeiten zu übertragen.

Im Dschungel der Managementliteratur gibt es zahlreiche Ratgeber zum Thema Führung. Wir halten uns an das situative Führen, den Führungsstil, der sich der Situation und der zu führenden Person anpasst.

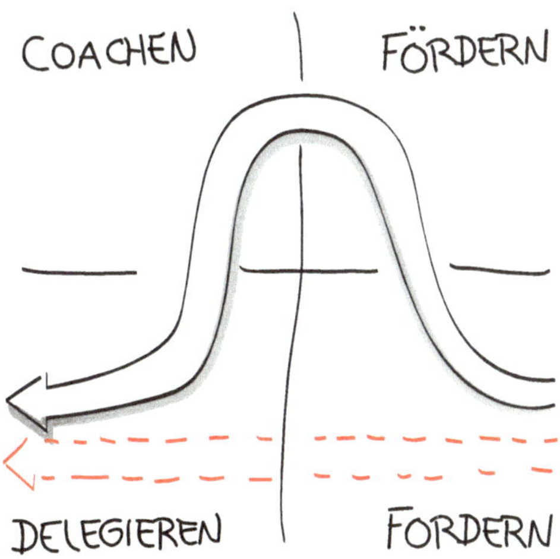

Angelehnt an das Reifegradmodell nach Hersey und Blanchard ergeben sich vier Führungsmöglichkeiten. Sie können Mitarbeiter fordern und anweisen, fördern und überzeugen, coachen und beraten und an sie delegieren. Nur gerade ein Prozent wendet alle vier Führungsstile an. Elf Prozent der Führungskräfte wenden drei Stile und vierunddreissig Prozent wenden zwei Führungsstile an. Das heisst also, dass vierundfünfzig Prozent der Führungskräfte ausschliesslich einen Führungsstil anwenden. Sollten Sie zu dem einen Prozent gehören, können Sie dieses Kapitel überspringen. Situativ führen heisst, dass Sie nicht alle Mitglieder Ihres Teams gleich führen. Sie können nicht einmal den einzelnen Mitarbeiter immer auf die gleiche Art und Weise führen. Sie müssen die Situation berücksichtigen, in der Sie sich mit Ihrem Mitarbeiter befinden. Was einfach tönt, ist offensichtlich in der Realität anspruchsvoll.

Wer immer tut, was er schon kann, bleibt immer das, was er schon ist.
Henry Ford

Was bedeutet fordern und anweisen? Die Situation, in der Sie sich mit Ihrem Mitarbeiter A befinden, erfordert klare Anweisungen. Sie beauftragen ihn, eine Arbeit in einer bestimmten Frist zu erledigen. In einer nächsten Situation überzeugen Sie Mitarbeiter B davon, dass es Sinn macht, die angefangene Arbeit noch heute zu erledigen, weil die Unterlagen am nächsten Tag gebraucht werden. Dann beraten Sie Mitarbeiter C beim Erstellen einer Tabelle. Sie stehen ihm mit Ihrem Rat zur Seite, so dass er die aufgetragene Arbeit selbstständig erledigen kann. Mitarbeiter D hingegen delegieren Sie die Vorbereitung zur nächsten Sitzung, denn Sie wissen, dass er alles zu Ihrer besten Zufriedenheit erledigen wird. Möglich, dass Sie bei einem nächsten Auftrag mit Mitarbeiter D ganz anders umgehen, weil es dafür mehr Führung brauchen wird.

Wahrnehmung

Wie wahr ist eigentlich Ihre Wahrnehmung? Was beobachten Sie wirklich, wenn Sie einem Mitarbeiter bei seiner Tätigkeit zuschauen? Wann waren Sie sich zuletzt bewusst, dass Sie jederzeit über die Freiheit verfügen, auszuwählen, was Sie wahrnehmen? Stellen Sie sich vor, dass Sie in der Bahn sitzen. Es ist Frühling. Die Welt ist endlich wieder bunt geworden. Blumen und Bäume blühen. Sie nehmen die Landschaft bewusst auf und addieren all die Dinge, die Ihnen während Ihrer Fahrt gefallen: ein gelbes Löwenzahnfeld, ein blühender Apfelbaum, ein lachendes, junges Paar, ein alter Mann in einem vorbeifahrenden Auto. Sie können weiter auswählen, denn das tun Sie unbewusst immer: Sie bestimmen, was Sie wahrnehmen. Sie bilden sich Ihre Welt über die Wahl, die Sie treffen, und über die Bedeutung, die Sie den ausgewählten Bildern geben. Das ist Ihre persönliche und subjektive Erlebniswelt. Schauen Sie die griesgrämigen Köpfe der anderen Reisenden an oder das lachende Gesicht der Frau zwei Reihen vor Ihnen? Und Sie interpretieren, was Sie betrachten. Sind die Gesichter der Mitreisenden spiessig, oder sind sie nachdenklich, müde und sinnieren? Und dann sitzt da dieser Typ, der aussieht wie Peter aus Ihrer Jugendzeit. Peter, dieser Angeber. Peter, der Grosskotz. Am liebsten würden Sie den Sitzplatz wechseln. Vielleicht schliessen Sie die Augen. Die visuelle Welt verschwindet. Jetzt hören Sie den Zug rattern. Rasend schnell bewegen Sie sich in ihm von A nach B. Eine Frau schimpft mit ihrem Kind, und Sie regen sich über ihre Tonalität auf. Sie bewerten das Gehörte. Sie können gar nicht anders. Warm und kalt. Angenehm oder unangenehm. Sicher oder beängstigend. Es gibt Mitmenschen, die behaupten, dass sie nicht werten. Diese bemerken gar nicht, dass sie es trotzdem und dauernd tun. Wir können nicht anders, denn es denkt, und denken ist dual. Deshalb ist es wichtig, dass Sie Ihre Vorurteile kennen. Ja, auch Sie haben Vorurteile. Wie bewusst sind Ihnen Ihre eigenen Ausrichtungen in Bezug auf Religion, Sexualität oder Herkunft? Wie tolerant sind Sie sich selbst gegenüber, gegenüber eigenen Schwächen und Abgründen? Können Sie im Aussen tolerant sein, wenn Sie es im Innen, sich selbst gegenüber, nicht sind? Wahrnehmung ist nie objektiv. Wahrnehmung ist subjektiv. Sie betrachten die Welt immer durch Ihre persönlichen Filter. Also müssten Sie diese Filter so gut als möglich kennen.

Wahrnehmung ist nie objektiv. Wahrnehmung ist subjektiv. Sie betrachten die Welt immer durch Ihre persönlichen Filter. Also müssten Sie diese Filter so gut als möglich kennen.

Thomas Nast

Denken Sie an eine konkrete Person in einer konkreten Führungssituation mit einer konkreten Aufgabe:

- Welches ist in diesem spezifischen Fall die optimale Führungsintervention?
- Was haben Sie gemacht, beziehungsweise was werden Sie tun?

Hier eine kleine Checkliste, damit Sie die Entwicklung Ihrer Mitarbeiter in die richtige Richtung führen:

- Beurteilen Sie Mitarbeiter nicht aufgrund einer Beobachtung.
- Schaffen Sie unterschiedliche Situationen und Aufgaben. So können Sie Stärken und Schwächen Ihrer Mitarbeiter entdecken.
- Schaffen Sie die optimale Umgebung, damit die Stärken Ihrer Teammitglieder zum Tragen kommen.
- Nutzen Sie die natürlichen Stärken, und stellen Sie diese in den Vordergrund.
- Fördern Sie die Einzigartigkeit jedes Einzelnen.
- Fordern Sie Ihre Mitarbeiter dazu auf, eine persönliche Vision ihrer Entwicklung zu formulieren.
- Anerkennen Sie auch kleine Schritte in die richtige Richtung.
- Fördern Sie den Mut der Mitarbeiter, ihre Komfortzone zu verlassen.

Dies sind die zielführenden Fragen, um Ihr Potential, Ihre Power und Ihre Performance in Bezug auf Entwicklung und Führung zu hinterfragen und zu verstehen:

- Welche Elemente der Mitarbeiterentwicklung beherrschen Sie? Wo haben Sie noch Potential?
- Woran genau stellen Sie fest, dass Sie durch Ihre Art der Mitarbeiterentwicklung und -führung Wirkung erzielen?
- Welche Key Performance Indicators haben mit Mitarbeiterentwicklung und -führung zu tun?

Folgende Aussagen helfen Ihnen bei der Selbstreflexion:

Ich zeige Interesse an meinen Mitarbeitern (Arbeit und Person).

Ich unterstütze meine Mitarbeitenden dabei, ihre Stärken gezielt anzuwenden und auszubauen.

Ich lasse meinen Mitarbeitenden genügend Spielraum, damit sie sich weiterentwickeln können.

Ich bin zusammen mit meinem Team erfolgreich.

Meine Mitarbeitenden kennen ihre Ziele und wissen, in welchem Zusammenhang diese mit der Strategie und der Vision stehen.

Entwicklung und Führung einmal anders

Ein spannender Massstab, um führen zu können, mag in der Frage liegen, ob Sie fähig sind, sich selbst zu führen und Ihr Leben so zu leben, wie Sie sich dies vorstellen. Reflektieren Sie darüber, wie abhängig Sie von Umständen oder anderen sind. Unabhängig von Ihrer Familiensituation? Unabhängig von Geschäftsfreunden? Unabhängig von sozialen Anforderungen und Erwartungen? Wie würden Sie allein – ohne diese Einflüsse – leben? Das zeigt sich vielleicht in den Fähigkeiten, einzukaufen, sauberzumachen und Wäsche zu waschen. Andererseits geht es darum, Ihrem Leben eine selbstbestimmte Ausrichtung zu geben. Leben Sie Ihr Leben so, wie Sie dies wollen? Oder leben Sie die Wünsche von anderen? Von Ihrem Vater beispielsweise? Oder leben Sie so, weil «man» halt so lebt? Wie viele Menschen werden von anderen Menschen geführt, die selber nicht fähig sind, ihr eigenes Leben zufrieden zu gestalten? Möchten Sie einen Vorgesetzten, der seine persönlichen Ziele nicht erreicht? Oder einen, der mit sich selbst nicht klarkommt? Was halten wir von Vorgesetzten, deren Leben keinerlei Balance und Ausgleich zulässt? Wie stehen wir zu Leadern, die von anderen fordern, was sie selbst nicht leisten oder zu leben fähig sind?

Der Mensch ist nichts Festes, Gewordenes und Fertiges, nichts Einmaliges und Eindeutiges, sondern etwas Werdendes, ein Versuch, eine Ahnung und Zukunft, Wurf und Sehnsucht der Natur nach neuen Formen und Möglichkeiten.

Hermann Hesse

Entwicklung und Führung schlicht und einfach

Wenn Sie sich selbst mit Ihrer Vision, Ihren Werten, präsent und als Vorbild auf Ihren persönlichen Führungsweg machen, erkennen Sie dabei in aller Deutlichkeit, wie notwendig eine nachhaltige Kultur der Leadership ist. Sie finden positive Führungspersönlichkeiten, und Sie finden andere. Halten Sie sich an Ihre persönliche, innere Ausrichtung, und entwickeln Sie sich zu einem Chef, den man als Vorgesetzten und als Menschen wertschätzt.

Ein Leader ist ein Mann, der genau weiss, was er nicht kann, und sich dafür die richtigen Leute sucht.

Thomas Nast

Sich und andere besser verstehen

Wir alle tragen ein Bild von uns selbst in uns. Dieses ist geprägt durch unserer persönliche Geschichte, durch unsere Erziehung, durch nahestehende Menschen und unsere Anlagen. Es kann sich mit dem Bild, das sich andere von uns machen, decken, muss aber nicht. Dieser Unterschied zwischen Selbst- und Fremdwahrnehmung führt zwangsläufig zu Missverständnissen. Sie nehmen Ihre Realität anders wahr, als dies Aussenstehende tun. Sie gehen normalerweise davon aus, dass Ihre Vorstellung von Führung in Ordnung ist und dass Sie das Richtige tun. Wenn sich eine Führungsperson nicht mit ihrer Verhaltensweise und ihrer Wirkung auf Dritte auseinandersetzt, kommt es jedoch zu Störungen. Selbst- und Fremdbild klaffen auseinander. Deshalb sind die Selbstkenntnis und die Selbstreflexion wichtig. Sie können andere besser verstehen und begreifen, wenn Sie sich selbst gut kennen.

Entwicklung beginnt immer bei sich selbst und wird erst später an andere weitervermittelt. Wenn Ihre Werte den Rahmen für Ihre Vision definieren und Ihre Präsenz zufriedenstellend ist, werden Sie zum Vorbild für andere, und diese akzeptieren stillschweigend Ihre Führung. Wir richten uns immer nach demjenigen aus, der anwesender und präsenter ist als die anderen. Wir suchen unbewusst wache Mitmenschen, damit diese uns den Weg weisen.

Auf der persönlichen Ebene zur Selbstreflexion und zum Studium:

Das **Johari-Fenster,** benannt nach den Autoren Joe Luft und Harry Ingham, ist ein einfaches grafisches Modell, das die Veränderungen von Selbst- und Fremdwahrnehmung im Verlaufe eines Gruppenprozesses darstellt.

Persönlichkeitstests, die unsere Verhaltensweisen abbilden und uns zu mehr Selbstreflexion ermuntern (zum Beispiel DISG).

Das wohl bekannteste Führungsstilmodell stammt von den beiden amerikanischen Psychologen Robert R. Blake und Jane S. Mouton, die das Verhaltensgitter **(Managerial Grid)** entwickelt haben. Sie unterscheiden die Dimensionen Mitarbeiter- und Aufgabenorientierung.

Das **Reifegradmodell** von Paul Hersey und Kenneth H. Blanchard. Im Gegensatz zu Blake/Mouton, die einen optimalen Führungsstil propagieren, machen Hersey und Blanchard die Effektivität des Führungsverhalten von einer Situationsvariablen abhängig, nämlich vom Reifegrad der geführten Person.

Das **St. Galler Führungsmodell** wurde Anfang der 70er Jahre von Hans Ulrich und dessen Schülern in St. Gallen entwickelt. Das aktuelle Modell der 4. Generation hat eine systemische und unternehmerische Ausrichtung und differenziert dabei Management in operative, strategische und normative Aspekte. Zugleich zeigt es Management und Organisation in ihrem dynamischen Zusammenspiel mit der Umwelt und konzeptionalisiert Management als reflexive Gestaltungspraxis.

Bei den **Management-by-Konzepten** handelt es sich um mehr oder weniger umfassende Empfehlungen zur Gestaltung von Führungskonzeptionen.

Einzel- und Teamcoaching. Ein Coaching hilft Ihnen dabei, Ihr persönliches Führungsverhalten oder Teamprozesse zu reflektieren und sich und Ihr Team weiterzuentwickeln.

Erlebnisorientiertes Lernen (auch Action-Learning genannt) für Teambildung und Teamentwicklung. Hier geht es um gemeinsames Lernen, indem man Probleme löst. Action-Learning ist eine Methode des Erfahrungslernens (Learning by Doing) von einzelnen Individuen, kleinen oder grösseren Gruppen in Unternehmen oder anderen Organisationen.

Mediationen in und für Teams und Organisationen. Mediation ist ein Verfahren der Konfliktbearbeitung, bei dem ein unparteilicher Dritter (Mediator) die Beteiligten darin unterstützt, ihren Streit zu lösen.

Kenne ich mich wirklich? Kenne ich meine Vorurteile? Bin ich mit meinen inneren Abgründen in mir selbst vertraut? Wenn ich bereit bin, jeden neuen Tag dazuzulernen, und wenn ich mich für Kleinigkeiten genauso wie für grosse Würfe begeistern kann, entwickle ich mich permanent. Immer einen kleinen Schritt weiterkommen und dazulernen macht Spass und schenkt Befriedigung. Kenne ich meine Wahrnehmungsfilter? Beobachte ich meine Teammitarbeiter fair und mit Toleranz?

Höre ich auf mich? Gebe ich mir und anderen immer wieder die Gelegenheit, um neue Situationen, Kompetenzen und Verantwortungen zu testen? Höre ich auf mich, und kann ich zu Fehlern stehen, auch zu solchen in der Führung gegenüber Untergebenen? Höre ich auf mich, wenn es um Toleranz geht? Beurteile ich die Leistung oder die Herkunft oder politische Gesinnung meiner Leute? Spielt die sexuelle Ausrichtung eine Rolle? Ist es ein Beurteilungskriterium, ob jemand Muslim, Hindu, Buddhist oder Christ ist? Höre ich auf mich, wenn ich jemandem nicht traue, oder siegt die Gleichmacherei über meine innere Stimme?

Mag ich mich? Mag ich meine Art, wie ich meine Mitarbeiter entwickle und sie auf Fehler aufmerksam mache? Mag ich die Art und Weise, wie ich konstruktiv lobe und kritisiere? Mag ich die Art und Weise, wie ich führe und wie ich den Anspruch auf die Führung ausdrücke und lebe?

Überprüfen Sie die Erwartungen Ihrer Mitarbeiterinnen und Mitarbeiter an Sie in Bezug auf Ihre Führung. Fragen Sie, ob sie mit der Art und Weise, wie Sie sie entwickeln, einverstanden sind. Glauben Ihnen Ihre Mitarbeitenden, dass Sie Entwicklung und Führung ernst nehmen?

Die Geschichte vom Dorftrottel

Vor langer Zeit – im letzten Jahrhundert oder so – lebte in einem kleinen russischen Dorf ein Mann, der als Kind manches etwas langsamer gelernt hatte als andere Kinder. Deshalb kam man im Dorf zu dem Schluss, er sei etwas dumm. Und das sagte man ihm auch bei jeder passenden und unpassenden Gelegenheit. Der Mann bemühte sich sehr, alles genau so zu machen und zu sagen wie seine Mitdörfler, aber je mehr er sich bemühte, desto mehr nahmen sie seine Bemühungen als Beweis, dass er eben dumm, kurz: ein Trottel, sei. Sie lachten ihn aus und hänselten ihn. Der Mann konnte das nicht verstehen: Er machte doch alles genau so wie die anderen, und trotzdem wurde er immer nur wie ein Trottel behandelt.

Eines Tages kam ein Heiliger auf Wanderschaft in das Dorf. Er unterhielt sich mit den Dorfbewohnern über Sorgen und Nöte, Gott und die Welt. Die Dorfbewohner waren sich einig, dass dies ein wirklich weiser Mann war. Da fasste sich unser Dorftrottel ein Herz, und er sprach den Fremden im Vertrauen an. Er schilderte ihm sein Problem, was seine Mitdörfler von ihm dachten und wie sie ihn behandelten.

Der Heilige hörte sich die Geschichte an, sah den «Dorftrottel» intensiv an und sprach: «Das ist leicht zu ändern. Du musst nur Folgendes tun: Jedes Mal, wenn ein Dorfbewohner mit dir spricht und dabei eine Aussage macht oder von einer Erfahrung berichtet, dann antworte: ‹Das glaube ich nicht, beweise es mir› oder ‹Wie kannst du dir dessen sicher sein?›.»

Der Heilige fuhr nach kurzer Pause fort: «Der Witz an der Sache ist: Diese Fragen sind nicht zu beantworten. Es gibt nichts zu beweisen. Wenn jemand zu dir sagt: ‹Heute ist aber ein schöner Frühlingsmorgen›, und du sagst: ‹Beweise mir, dass der Morgen schön ist! Woher willst du wissen, dass das wahr ist?›, dann wird dieser Mensch verstummen und sich beschämt fühlen, denn er kann es nicht beweisen. Und wenn jemand sagt: ‹Die Rosen duften wunderbar!›, dann sagst du einfach wieder: ‹Beweise es mir, dass die Rosen wirklich wunderbar duften.› Die Leute werden sich dir automatisch unterlegen fühlen.»

Der Heilige überzeugte sich noch, dass unser «Dorftrottel» die Sache richtig verstanden hatte, dann sagte er: «Ich reise morgen weiter. Nächstes Jahr will ich wieder hier im Dorf sein, dann berichte mir, wie sich die Sache angelassen hat.»

Ein Jahr später war der Heilige wieder im Dorf. Der ehemalige Dorftrottel war jetzt der Einberufene des Dorfrates und wurde wegen seines grossen Wissens und seiner Weisheit von vielen Dorfbewohnern um Rat gefragt – kurz: Er genoss ein grosses Ansehen. Zu dem Heiligen aber sprach er: «Es ist komisch: Letztes Jahr war ich noch der Dorftrottel, jetzt gelte ich als weise. Ich habe alles befolgt, was du mir geraten hast. Und dabei bin ich doch noch derselbe Mensch! Das alles nur, weil ich die Menschen immer wieder auffordere, mir zu beweisen, dass die Dinge wirklich so sind, wie sie sie erleben. Ich hätte nicht gedacht, dass es so einfach ist.»

Da sah ihn der Heilige lange an und sprach dann endlich: «Was glaubst du, wie ich ein Heiliger geworden bin?»

Autor unbekannt

Dimension | # Kommunikation

KOMMUNIKATION (lat. communicare) bedeutet teilen, mitteilen, teilnehmen lassen, gemeinsam machen, vereinigen. In dieser ursprünglichen Bedeutung ist eine Sozialhandlung gemeint, in die mehrere Menschen (allgemeiner: Lebewesen) einbezogen sind. Wesentliche Aspekte dieser Sozialhandlung sind zum einen die Anregung zum Austausch von Informationen und zum anderen Teilhabe, in der etwas Gemeinsames entsteht (lat. communio: Gemeinschaft, communis: gemeinsam).

Die Leadership-Dimension Kommunikation verbindet alle Dimensionen untereinander und macht es möglich, über sie zu sprechen und sich über sie auszutauschen. Natürlich verbindet die Kommunikation auch alle miteinander in Verbindung stehenden Personen. Mitarbeitende erwarten zu Recht eine bewusste, rechtzeitige, offene und wertschätzende Kommunikation von ihren Führungskräften. Wenn diese richtig kommunizieren, entsteht Vertrauen an Stelle von Gerüchten und Interpretationen. Insbesondere mit persönlichen Feedbacks fördern Sie eine gute Arbeitsatmosphäre und Gemeinsamkeit.

Kommunikation als Teil von LP³

Ihre Kommunikation ist das verbindende Element, um Vertrauen und Sicherheit zu vermitteln. Sie ist auch das Bindeglied, um mit den anderen Leadership-Kompetenzen zu arbeiten. Ihre Fähigkeit, sich zu verständigen, ermöglicht es, Ihre Visionen und Ihre Werte zu vermitteln. Ohne angemessene Interaktion ist es nicht möglich, ein Vorbild zu sein. Mittels Kommunikation drücken Sie Ihre Wertschätzung gegenüber Ihren Mitarbeitern aus, oder Sie geben Ihre Fachkenntnisse weiter.

Ein Mitarbeiter erwartet von seinem Vorgesetzten, dass dieser regelmässig und klar kommuniziert und informiert, und er verlangt, dass dieser ihm ein konstruktives Feedback gibt. Sind diese drei Voraussetzungen gegeben, fühlt er sich wohl, sicher und kann Vertrauen aufbauen. Auf diesem Fundament kann sich – dank guter Sprache und Interaktion – die Leistung jedes einzelnen Mitarbeiters entfalten. Auch ist es dank Kommunikation möglich, dass die anderen Leadership-Kompetenzen erklärt und verstanden werden.

Zwischen dem, was ich denke,
dem, was ich sagen will,
dem, was ich zu sagen glaube,
dem, was ich sage,
dem, was Sie hören wollen,
dem, was Sie hören,
dem, was Sie zu verstehen glauben,
dem, was Sie verstehen wollen,
und dem, was Sie verstehen,
gibt es mindestens neun Möglichkeiten
sich nicht zu verstehen.

G. Passagno

In Bezug auf die Leadership-Qualität Kommunikation ist ein Grundverständnis darüber notwendig, dass Kommunikation eine anspruchsvolle Sache ist. Es ist nicht selbstverständlich, dass wir verstanden werden. Im Gegenteil, normal ist, dass wir uns nicht (oder nur teilweise) verstehen.

Sie haben die Situation sicher auch schon erlebt: Jemand sagt etwas, und keiner handelt danach. Jemand anders sagt das Gleiche, und schon wird die Sache umgesetzt. Offensichtlich ist Kommunikation mehr, als Worte aneinanderzureihen. Ob Sie verstanden werden und ob das Verstandene auch umgesetzt wird, hängt mit Ihrer Kraft und Ihrer Wirkung auf andere zusammen.

Dies sind die zielführenden Fragen, um Ihr Potential, Ihre Power und Ihre Performance in Bezug auf Ihre Kommunikationsfähigkeit zu hinterfragen und zu verstehen:

Erkennen Sie Ihr kommunikatives Potential richtig?
Hört man Ihnen gerne zu?
Fällt es Ihnen leicht, die Aufmerksamkeit auf sich zu lenken?
Können Sie kommunikativ begeistern?

Folgende Aussagen helfen Ihnen bei der Selbstreflexion:

Ich informiere mein Team regelmässig und offen.
Ich fördere ein Klima, in dem Feedback auf allen Stufen möglich ist.
Ich gebe meinen Mitarbeitern regelmässig Feedback, das annehmbar und konstruktiv ist.
Ich spreche schwierige Themen sofort an.

Kommunikation einmal anders

Ihr Denken macht bei Ihrem Versuch zu schweigen einfach nicht mit.
Thomas Nast

Für uns Erwachsene scheint sprechen und sich zuhören etwas Normales zu sein. Ist es das wirklich? Um zu verstehen, was Kommunikation mit uns macht, mag es sinnvoll sein, einmal darauf zu verzichten, sich mitzuteilen. Schweigen Sie abwechslungsweise einige Stunden. Stellen Sie keine Fragen, machen Sie keine Bemerkungen, und geben Sie keine Antworten. Kündigen Sie Ihr Schweigen in Ihrer Umgebung vorher an, und unternehmen Sie diesen Selbstversuch besser in einem tragenden, privaten Umfeld. Was geschieht? Wie lange schaffen Sie es? Länger als einen Tag? Bald werden Sie feststellen, dass die innere Kommunikation noch intensiver weitermacht, wenn Sie äusserlich schweigen. Ihr Denken macht beim Schweigen einfach nicht mit. Munter dreht es sich im Kreis, monologisiert, findet innere Dialogpartner und dreht endlose Wortschlaufen. Sie finden heraus, dass Ihre äussere Lebenshektik eine innere Entsprechung hat. So etwas wie innere Ruhe zu finden, scheint schwierig, ja unmöglich, solange die innere Kommunikation weiterrattert. Das

Denken schafft Unruhe, denn es denkt, ob Sie wollen oder nicht, ob Sie sich selbst zuhören oder nicht. Fast scheint es, als ob das Denken von Ihnen unabhängig agieren und Sie es lediglich beobachten würden. Spätestens in diesem Moment unterbrechen die meisten ihren Selbstversuch. Sie treten zurück in die äussere Welt, greifen zu einer Zeitung oder schalten den Fernseher ein, um den Gedanken wieder eine weltliche Ausrichtung zu geben. Sie erkennen, dass Kommunikation immer stattfindet. Im Innen und im Aussen. Und vielleicht werden Sie dieses Thema irgendwann vertieft wieder aufnehmen.

Erkennen Sie Ihr kommunikatives Potential richtig?

Sie sind nicht ein besserer Kommunikator, wenn Sie mehr und schneller sprechen als andere. Sie sind ein guter Kommunikator, wenn man Ihnen gerne zuhört und wenn man Sie versteht. Besser noch: wenn man sich an die Inhalte, die Sie vermitteln, erinnert und wenn man diesen Inhalten entsprechend handelt. Wir haben zwei Ohren und einen Mund. Sprechen Sie in diesem Verhältnis. Hören Sie mehr zu, als Sie sprechen. Erkennen Sie Ihre kommunikativen Stärken und Schwächen, und schaffen Sie ein Umfeld, in dem sich Ihre Mitarbeitenden kommunikativ wohl fühlen. Informieren Sie genug, aber nicht zu viel. Um Gewissheit über die eigenen verbalen und nonverbalen Schwächen und Stärken zu erlangen, ist es notwendig, dass Sie sich Feedbacks einholen. Erst wenn Ihr Selbstbild und Ihr gespiegeltes Fremdbild deckungsgleich sind, können Sie sich in Bezug auf Ihre kommunikativen Fähigkeiten sicher sein.

Wir versinken in Informationen, hungern jedoch nach Wissen.
John Naisbitt

Hört man Ihnen gerne zu? Fällt es Ihnen leicht, die Aufmerksamkeit auf sich zu lenken?

Hat Ihre Kommunikation die notwendige Wirkung, um erfolgreich zu sein? Hört man Ihnen gerne zu? Achten Sie in Zukunft vermehrt auf das Wie. Wie vermittelt ein guter Kommunikator seine Inhalte? Welches sind seine nonverbalen Talente? Achten Sie beispielsweise auf Ihre Stimme. Dazu ist es notwendig, ein Bewusstsein für den Einsatz ihrer eigenen Tonalität zu entwickeln. Die meisten Menschen sind sich ihrer Stimme nicht bewusst. Sie sprechen und diskutieren, ohne auch nur zu ahnen, dass dieses wunderbare Instrument trainiert werden kann.

Ob man Ihnen gerne zuhört, hängt auch von Ihrer Körpersprache ab. Wie lebendig sind Ihre Mimik und Ihre Gestik? Wie natürlich stehen Sie da? Wie direkt und freundlich betrachten Sie Ihr Gegenüber, während Sie sprechen? Je natürlicher und sicherer Sie sich Ihrer selbst sind, desto einfacher fällt es Ihnen, die Aufmerksamkeit auf sich zu ziehen.

Können Sie kommunikativ begeistern?

Ein guter Vorgesetzter kennt sich selbst, und er kennt die Wirkung, die er auf andere hat. Er beherrscht seine Performance. Die Selbstreflexion ist eine Selbstverständlichkeit für ihn. Ein guter Chef erkennt auf diese Art und Weise sein kommunikatives Potential und lernt, dieses zu entfalten. Lernen Sie langsam, aber sicher, kommunikativ zu begeistern.

Um das persönliche, kommunikative Potential mittelfristig zu entfalten, helfen einige bekannte Tools weiter.

Das **4-Seiten-Modell** (wird auch Nachrichtenquadrat, Kommunikationsquadrat oder 4-Ohren-Modell genannt) von Friedemann Schulz von Thun, mit dem eine Nachricht unter vier Aspekten oder Ebenen beschrieben wird: Sachinhalt, Selbstoffenbarung, Beziehung und Appell. Diese Ebenen werden auch als «vier Seiten einer Nachricht» bezeichnet.

Die **gewaltfreie Kommunikation (GFK)** ist ein Konzept, das von Marshall B. Rosenberg erarbeitet und veröffentlicht wurde. Es soll Menschen ermöglichen, so miteinander umzugehen, dass der Kommunikationsfluss zu mehr Vertrauen und Freude am Leben führt.

Paul Watzlawick entwickelte eine Kommunikationstheorie, die auf **fünf pragmatischen Axiomen** aufbaut. Sein Modell wurde durch die Lehren der Gruppendynamik und der Kommunikationspsychologie verfeinert. Das bekannteste Axiom ist: Man kann nicht nicht kommunizieren.

Feedback als gruppendynamische Methode. Dabei bittet ein Teilnehmer um Rückmeldungen über sein Verhalten. Die anderen Teilnehmer sagen ihm, wie sie sein Verhalten wahrnehmen, verstehen und erleben.

360-Grad-Feedback ist eine Methode, um Kompetenzen und Verhaltensweisen von Führungskräften aus unterschiedlichen Blickwinkeln einzuschätzen. Dazu gehören Vorgesetzte, Teammitglieder, Projektmitarbeiter oder Kunden und Lieferanten (**Fremdbild**). Dazu kommt eine Selbsteinschätzung. Durch diese Vielfalt der Meinungen ist das 360-Grad-Feedback zu einem wichtigen und wirksamen Instrument in der Führungskräfteentwicklung geworden.

Präsentieren und Rhetorik, die Kunst der Rede.

Kommunikation schlicht und einfach

Wir kommunizieren, damit wir verstanden werden. Um verstanden zu werden, müssen Sie zuerst sicherstellen, dass Ihnen zugehört wird. Wenn Sie die Aufmerksamkeit Ihres Gesprächspartners haben, sprechen

Sie einfach und prägnant. Wollen Sie sicherstellen, dass man Sie richtig verstanden hat (so wie Sie es gemeint haben), benötigen Sie entweder ein Feedback Ihres Gegenübers, oder Ihr Gesprächspartner zeigt Ihnen durch seine Handlung, dass Sie verstanden worden sind. Sie wissen, dass das von Ihnen Gesagte und im Idealfall auch Verstandene sehr schnell wieder vergessen wird (vom Empfänger und vom Sender).

Normal ist, dass wir uns nicht verstehen. Wenn Sie sich vergegenwärtigen, wie anspruchsvoll Kommunikation ist, sind Sie in einer konstruktiv-kommunikativen Grundhaltung, denn so gehen Sie davon aus, dass man Sie nicht versteht. Durch diese Umkehrung, durch diesen scheinbaren Widerspruch, strengen Sie sich erst richtig an.

Kenne ich meine kommunikativen Schwächen und Stärken?

Höre ich auf mich, das heisst, akzeptiere ich, dass ich kommunikative Schwächen habe und dass ich an ihnen arbeiten soll und kann, und schätze ich meine Stärken richtig ein?

Mag ich mich? Mag ich die Art und Weise, wie ich kommuniziere? Mag ich es, wie ich Feedback gebe? Mag ich mich, wenn ich meine Tonalität und meine Körpersprache analysiere?

Überprüfen Sie die Erwartungen Ihrer Mitarbeiterinnen und Mitarbeiter an Sie in Bezug auf Ihre Fähigkeit, sich verständlich zu machen. Folgende Fragen können Ihnen diese beantworten. Es braucht vielleicht ein wenig Mut, Ihre Mitarbeiter zu befragen. Sie werden Ihre Offenheit jedoch zu schätzen wissen:

Wie ist meine kommunikative Wirkung?
Was behindert meine Wirkung?
Wie beseitige ich diese Hindernisse?
Was kann ich tun, um eine bessere Resonanz zu erzielen, oder wie steuere ich meine Wirkung?

Vielleicht haben Sie sich gefragt, weshalb Konflikte keine LP³-Leadership-Dimension sind. Ganz einfach, Konflikte finden sich in allen Dimensionen, nicht zuletzt in der Kommunikation. Eine sehr grosse Anzahl von Konflikten basiert auf Missverständnissen.

Zwei kleine Kommunikation-Geschichten

Missverständnis

Es mag ein Freitagabend gewesen sein. Mein Vater sass am Esstisch, die Mutter kochte in der Küche, und ich lag auf dem Sofa. Ich war ungefähr 14 Jahre alt. Mein Vater wollte mit mir ins Kino. Das war sehr speziell und kam nicht oft vor. Ich hielt eine Zeitung in den Händen und las die Kinotitel vor: «Krieg der Sterne, Teil 2.» Mein Vater antwortete: «Dieses Science-Fiction-Märchen mag ich nicht.» Also las ich einen anderen Titel, und mein Vater machte wieder eine Bemerkung dazu.

Das vordergründige Problem ist nie das Problem, um das es wirklich geht.

Thomas Nast

Dieses Hin und Her dauerte schon eine Weile, als mein älterer Bruder Stefan nach Hause kam. Er setzte sich gegenüber von Vater an den Tisch. Er war sehr aufgewühlt und sprach sofort auf unseren Vater ein. Doch dieser beachtete ihn nicht. Ich auch nicht, ich las einfach einen weiteren Kinotitel laut vor, und Vater antwortete: «Interessiert mich nicht!»

Stefan war wie vom Donner gerührt. Diese Antwort musste er erst verdauen. Er starrte Vater an, stiess dann den Stuhl beim Aufstehen um und schrie wutentbrannt: «Arschloch!»

Aus dem Nichts derart betitelt und angeschrien zu werden, löste auch bei meinem Vater ein Verhalten aus. Er sprang auf und verpasste Stefan, ohne weiter nachzudenken, eine Ohrfeige. Sie wollten schon aufeinander losgehen, da schritt meine Mutter ein. Laut und mit rotem

Kopf forderte sie beide zur Ruhe auf. Und ich? Ich verstand die Welt nicht mehr.

Es dauerte eine Weile, bis dieser kommunikative Knoten gelöst werden konnte, kam doch hinzu, dass einiges in unserer Familie zu diesem Zeitpunkt nicht zum Besten bestellt war. Das Ganze war ein Missverständnis, doch es zeigte vielerlei auf. Das vordergründige Problem – hier das Missverständnis – ist nie das Problem, um das es wirklich geht! Dieses Problem liegt immer tiefer.

Perspektivenwechsel

Ein Mann in einem Heissluftballon hat die Orientierung verloren. Er geht tiefer und sichtet eine Frau am Boden. Er sinkt noch weiter ab und ruft: «Entschuldigung, können Sie mir helfen? Ich habe einem Freund versprochen, ihn vor einer Stunde zu treffen, und ich weiss nicht, wo ich bin.»

Die Frau am Boden antwortet: «Sie sind in einem Heissluftballon in ungefähr 10 Meter Höhe über Grund. Sie befinden sich auf dem 49. Grad, 28 Minuten und 11 Sekunden nördlicher Breite und 8. Grad, 28 Minuten und 58 Sekunden östlicher Länge.»

«Sie müssen Ingenieurin sein», sagt der Ballonfahrer.

«Bin ich», antwortet die Frau, «woher wissen Sie das?»

«Nun», sagt der Ballonfahrer, «alles, was Sie mir sagten, ist technisch korrekt, aber ich habe keine Ahnung, was ich mit Ihren Informationen anfangen soll, und Fakt ist, dass ich immer noch nicht weiss, wo ich bin. Offen gesagt, waren Sie keine grosse Hilfe. Sie haben höchstens meine Reise noch weiter verzögert.»

Die Frau antwortet:

«Sie müssen im Management tätig sein.»

«Ja», antwortet der Ballonfahrer, «aber woher wissen Sie das?»

«Nun», sagt die Frau, «Sie wissen weder, wo Sie sind, noch, wohin Sie fahren. Sie sind aufgrund einer grossen Menge heisser Luft in Ihre jetzige Position gekommen. Sie haben ein Versprechen gemacht, von dem Sie keine Ahnung haben, wie Sie es einhalten können, und erwarten von den Leuten unter Ihnen, dass sie Ihre Probleme lösen. Tatsache ist, dass Sie nun in der gleichen Lage sind wie vor unserem Treffen, aber merkwürdigerweise bin ich jetzt irgendwie schuld an Ihrer Situation!»

Autor unbekannt

Dimension | # Gerechtigkeit

GERECHTIGKEIT ist ein normativer, mit einem Sollen verbundener Begriff. Man ist aufgefordert, ungerechte Zustände in gerechte umzuwandeln. Wer gerecht sein will, hat die Pflicht gegenüber sich selbst, aber auch in der Erwartung der anderen, entsprechend zu handeln.

Die Leadership-Dimension Gerechtigkeit behandelt das Wie der Führung. Mitarbeitende erwarten faire Führungskräfte. Diese sollen so objektiv wie möglich belohnen und sanktionieren. Wird eine Person als gerecht erlebt, werden deren Entscheidungen nicht stetig in Frage gestellt. Sie gewinnen an Zeit für das Wesentliche und sind dadurch effektiv.

Gerechtigkeit als Teil von LP^3

Für ein Umfeld, in dem sich die Mitarbeitenden wohl fühlen, in dem sie Vertrauen und Sicherheit erleben, ist die Gerechtigkeit zentral. Wenn Sie Ihren eigenen Vorgesetzten als gerecht erleben, ist Ihr persönlicher Einsatzwille nicht in Frage gestellt, und Ihre Leistung ist gut. Ihren eigenen Mitarbeitern ergeht es mit Ihnen genauso. Die Dimension Gerechtigkeit ist abhängig von der Wahrnehmung der einzelnen Personen und des Vertrauens, dass diese in Ihre Fähigkeit, gerecht zu sein, haben (siehe Dimension Entwicklung und Führung). Stellen Sie sich dazu die folgenden Fragen: Wie empfinden Sie gerechtes Verhalten, und ist dies überhaupt möglich? Findet Gerechtigkeit nicht vielmehr im Auge des Betrachters statt, und was einer als gerecht empfindet, ist es für den anderen nicht? Einig sind wir uns einzig, wenn es um Ungerechtigkeiten geht. Diese erkennen wir, nicht aber Gerechtigkeit. Es ist wie mit der Wahrheit, auch diese können Sie nicht für sich selbst in Anspruch nehmen. Wohin es führt, wenn jemand die Wahrheit für sich pachtet, zeigen die Millionen Toter auf den Schlachtfeldern der Ismen, der Ideologien wie Islamismus, Katholizismus; Kapitalismus und Kommunismus. Mit der Gerechtigkeit verhält es sich vergleichbar.

Wir erkennen Ungerechtigkeit, nicht aber Gerechtigkeit!
David Fiorucci

Stellen Sie sich vor, Sie sind ein Zugführer. Ihr Zug rast mit 140 Stundenkilometern auf eine Weiche zu. Die Bremsen sind defekt, und die Türen lassen sich nicht öffnen. Doch Sie können die Weiche vor Ihnen aus dem Zug heraus bedienen. Rechts nach der Weiche steht ein einzelner Mensch auf den Schienen. Links steht eine ganze Gruppe von Menschen. Fahren Sie nach rechts oder nach links? Wahrscheinlich werden Sie nach rechts fahren, um den Schaden klein zu halten.

Wer zwei Menschen gleich behandelt, behandelt einen falsch.
Viktor Frankl

Wie aber sieht es aus, wenn rechts Ihr eigener Sohn steht? Wie entscheiden Sie jetzt? Gegen die Gruppe oder gegen Ihren Sohn? Die Liebe zu Ihrem Sohn wird einen Einfluss auf Ihr Gerechtigkeitsempfinden ausüben.

Gerecht sein ist so eine Sache. Nicht ungerecht sein auch.

Stellen wir uns folgende Ausgangslage vor: Der Mitarbeiter A steckt mehr in seine Arbeit als der Mitarbeiter B. A hat bessere Resultate. A erhält für seine Arbeit weniger als B, er wird schlechter entlohnt, und beide wissen davon.

Folgende Szenarien sind jetzt möglich:

- A akzeptiert die Situation.
- B erhöht seine Leistung.
- A reduziert seine Leistung.
- A verlässt die Firma.

Und was werden Sie als Vorgesetzter von Mitarbeiter A und B unternehmen? Bedenken Sie bei Ihrem Entscheid Folgendes:

- Eine absolute Gerechtigkeit gibt es nicht.
- Eine Person oder auch eine Situation wird als gerecht empfunden, wenn nachvollziehbare Kriterien der Beurteilung erkennbar sind.
- Das Vermeiden von Ungerechtigkeit fördert die allgemeine Zufriedenheit.

Um sich den Themen Gerechtigkeit und Ungerechtigkeit zu widmen, überprüfen Sie sich selbst:

- Wann fühlen Sie sich gerecht behandelt?
- Wie reagieren Sie auf Ungerechtigkeit?
- Wie stellen Sie sicher, dass Sie als gerechte Führungskraft wahrgenommen werden?
- Können Sie abends jeweils ohne Wenn und Aber in den Spiegel schauen?

Konfliktfähigkeit

«Der Begriff der Konfliktfähigkeit beschreibt das Vermögen, eine Auseinandersetzung aufzunehmen, konstruktiv zu bewältigen und nach Möglichkeit bereits im Vorfeld zu vermeiden. Im Wesentlichen deckt er sich mit dem Begriff der Konfliktbereitschaft. Die Bewältigung von Konflikten impliziert dabei nicht nur die Suche nach einer angemessenen Lösung, sondern auch das Schaffen einer Basis, die gute Beziehungen, Toleranz, Offenheit und den Aufbau einer fairen Streitkultur befördert.» (Wikipedia)

Selbstsicher fühlen Sie sich dann, wenn Selbst- und Fremdbild deckungsgleich sind und wenn es keine Mühe bereitet, Nein zu sagen. Selbstsicher sind Sie, wenn Sie konfliktfähig sind und wenn Sie sich abgrenzen können. Sie können Ihren Mitarbeitern nicht gefallen, indem Sie diese schonen. Vorgesetzte, die ihren Mitarbeitern gefallen wollen, werden bald als unecht entlarvt. Sie entmündigen durch ihr Gefallen-Wollen ihre Mitarbeiter. Wie können Sie Ihre Mitarbeiter kritisieren, wenn Sie sich vor ihnen fürchten? Ein Problem lässt sich nicht verschieben. Dadurch wächst es nur leise weiter. Es wird grösser, und je länger Sie warten, desto wahrscheinlicher ist, dass Sie vergessen, was das Problem ursprünglich war, was die Schwierigkeiten ausgelöst hat. Konfliktfähigkeit fängt bei kleinen Dingen an, zum Beispiel mit dem Mut, Kritik anzubringen, und natürlich auch, sich selbst Kritik auszusetzen. Vorgesetzte benötigen so etwas wie den Mut, sich unbeliebt zu machen. In Tat und Wahrheit schätzen Ihre Mitarbeiter Sie dank Ihren Interventionen, Ihrer Kritik und natürlich dank ehrlich gemeintem Lob, das Sie aussprechen, umso mehr. Ihre Mitarbeiter wissen, woran sie mit Ihnen sind.

Vorgesetzte benötigen so etwas wie den Mut, sich unbeliebt zu machen.

Thomas Nast

Thomas A. Harris hat vier Ich-Zustände im Rahmen des Modells der Transaktionsanalyse beschrieben:

Ich bin okay – aber du bist nicht okay. Hier misst jemand sich selbst einen höheren Wert bei als anderen Menschen. Diese Haltung wird sich in der Kommunikation zeigen.

Ich bin nicht okay – aber du bist okay. In diesem Ich-Zustand setzt man seinen eigenen Wert herab und erachtet andere Menschen für wertvoller als sich.

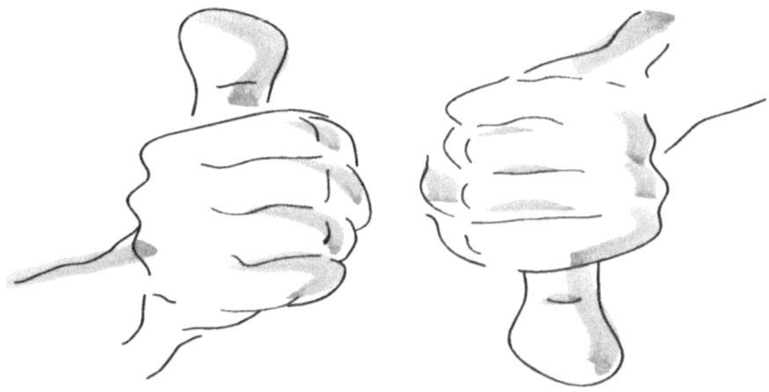

Ich bin nicht okay – du bist nicht okay. Eine derart negative Grundeinstellung macht Kommunikation schwierig oder sogar unmöglich. Selbstreflexion ist auf beiden Seiten gefordert. Niemand – man selbst nicht und die anderen auch nicht – ist gut genug.

Ich bin okay – du bist okay. Dies ist die beste Grundlage für eine erfolgreiche Kommunikation. Diese Einstellung kann durch Selbstreflexion und Kommunikationstraining gefördert werden.

Die eigene Grundhaltung kann sich bisweilen schon im Verlauf eines Gesprächs verändern. Durch das Entgegenkommen eines Gesprächspartners wird die unsichere Person gestärkt und verändert das eigene Bild zum Positiven. Im Gegenzug kann Ablehnung oder Ignoranz ein zuvor positives Selbstbild aufheben. Eine unkomplizierte, als angenehm empfundene Kommunikation ist oftmals das Ergebnis einer positiven Grundhaltung, getragen von gegenseitiger Akzeptanz und Toleranz. Durch die Idealhaltung «ich bin okay – du bist okay» wird ein Austausch auf Augenhöhe möglich. Auf dieser Basis können Sie unklare Aussagen und irritierende Reaktionen Ihres Gesprächspartners direkt ansprechen. So vermeiden Sie Missverständnisse und verhindern, dass störende Kommunikationsmuster den Gesprächsfluss hemmen.

Die Konfliktfähigkeit kann verschiedenen Dimensionen des LP³ zugeordnet werden. Denken Sie an

- das Verteidigen Ihrer Werte gegenüber Dritten
- schwierige Situationen der Abgrenzung, in denen Sie gerne vorbildlich handeln

- die Schutzengelfunktion in der Dimension Präsenz, wenn Sie Ihre Mitarbeiter gegenüber Ihrem eigenen Vorgesetzten verteidigen
- das Aufrechterhalten der Präsenz sich selbst gegenüber, wenn Ihre Gefühle Sie zu überfluten drohen
- die Kommunikation, denken Sie dabei beispielsweise an einen sehr lauten Kunden

Unstimmigkeiten, Spannungen und Auseinandersetzungen sind normal. Sie gehören zum Leben. Konflikte sind sozusagen das Salz und der Pfeffer in Ihrem Leben. Sie würzen den Alltag und verhindern mit grosser Wahrscheinlichkeit, dass es Ihnen langweilig wird. Konflikte entstehen dort, wo verschiedene Bedürfnisse, Interessen, Normen und Werte aufeinandertreffen. Dabei muss es nicht in jedem Fall zum Streit kommen und zum Ausbruch von Aggressionen. Sie zeigen lediglich auf, dass da jemand mit einer anderen Meinung oder Haltung ist. Denn für einen Konflikt braucht es immer mindestens zwei. Dies gilt für äussere und innere Konflikte. Bei inneren Konflikten geht es um zwei Meinungen, um ein inneres Unentschieden und die Notwendigkeit, sich für das eine und gegen das andere zu entscheiden.

Das Gegenteil von Konflikten ist dabei nicht etwa der Frieden, sondern die Harmonie. In unserer dualen Welt hat alles seinen Gegenpol. Wenn Sie zu den Menschen gehören, die der Harmonie mehr Platz einräumen als den Konflikten, sind Sie a) in guter Gesellschaft und haben b) ein Problem mit Ihrer Konfliktfähigkeit als Führungsperson. Der eine Pol ist ohne den andern nicht denkbar. Es ist wichtig, diese Tatsache zu akzeptieren, denn Sie neigen dazu, die eine Seite, also die Harmonie, als normal und die andere, den Konflikt, als etwas, das nicht sein soll, zu betrachten. Konflikte sind nun mal unangenehmer als die harmonischen Zustände, aber die Welt ist nicht rosarot. Sollte es so sein, stimmt etwas ganz und gar nicht. Auf jeden Fall sollten Sie dann die Finger vom Führen lassen.

Ein anderer Punkt ist, dass wir nicht unnötige Konflikte austragen. Fredmund Malik hat dies mit sechs Wörtern auf den Punkt gebracht:

Love it
Wenn Sie in einer Situation sind oder mit Menschen umgeben sind, die Sie mögen, geniessen Sie es: Love it!

Change it
Wenn Sie sich in einer Situation wiederfinden, die Ihnen schadet oder in der Sie sich nicht bewegen und entwickeln können, ändern Sie sich, oder verändern Sie die Situation. Tun Sie alles, was in Ihrer Kraft und in Ihrem Vermögen liegt, um Einfluss zu nehmen und die Sache, die beteiligten Akteure oder sich selbst oder Ihre Wahrnehmungen und Einstellungen zu ändern. Tragen Sie notwendige Konflikte aus, und nehmen Sie Einfluss auf das Geschehen. Change it!

Leave it
Wenn Sie alles versucht und wirklich jeden möglichen Faktor berücksichtigt haben, der Einfluss auf die beteiligten Personen oder auf die Situation hat, und alles nichts bringt, dann verlassen Sie die Situation. Dann, aber erst dann, kündigen Sie! Leave it!
(Sie können allerdings nach gründlicher Selbstreflexion auch zur Entscheidung gelangen, dass Sie die saure Pille schlucken und aufgeben. Ein bewusstes Aufgeben ist besser, macht jedoch die «Sache» nicht einfacher.)

Beachten Sie in diesem Zusammenhang das Modell des Circle of Influence von Stephen R. Covey. Sie können Ihre Mitarbeitenden, Ihre Partner und Ihre Beziehungen nicht kontrollieren. Sie können sie jedoch sehr wohl beeinflussen, indem Sie sich selbst effizienter und zielführender einbringen, um Veränderungen zu initiieren. Das Modell beschreibt drei ineinanderliegende Kreise.

Der äusserste Kreis ist der **Circle of Concern.** Darin finden sich Themen, die uns betreffen und interessieren, solche, die uns ganz konkret beeinflussen wie das Wetter, die Konjunktur, politische Ereignisse oder die Tageszeit, aber auch Themen, die uns emotional beschäftigen, bei denen wir jedoch keine konkreten Steuerungsmöglichkeiten haben.

Der mittlere Kreis ist der **Circle of Influence.** Dieser Kreis fokussiert, wie der Name sagt, auf unseren persönlichen Einflussbereich. Er behandelt unsere Beziehungen, also unser näheres Umfeld und uns selbst. Wollen wir etwas verändern, sind wir hier am erfolgreichsten, weil wir auf diese Themen tatsächlich aktiv Einfluss nehmen können. Deshalb lohnt es sich, Verantwortung zu übernehmen.

Der innerste Kreis ist der **Circle of Control.** Was können wir tatsächlich selbst kontrollieren? Eigentlich nur unsere Gedanken und damit unseren Fokus. In diesen innersten Kreis der Landkarte gehört also die Selbstführung. Wie herausfordernd es ist, die eigenen Gedanken zu steuern, haben Sie vielleicht einmal festgestellt, als Sie ein Thema, das Sie sehr beschäftigte, für einen Momenten innerlich beiseitelegen wollten. So steigt vielleicht der Ärger über eine verletzende Bemerkung Ihrer Partnerin, Ihres Partners oder eines Arbeitskollegen immer wieder hoch, oder Sie denken nach einem missglückten Gespräch zum fünfzigsten Mal darüber nach, wie es verlaufen wäre, wenn Sie doch nur dieses oder jenes anders gemacht hätten. Dazu gehören auch all jene Gedankengänge, die es uns erschweren, abzuschalten und beispielsweise entspannt einzuschlafen.

Lob und Kritik als Chance

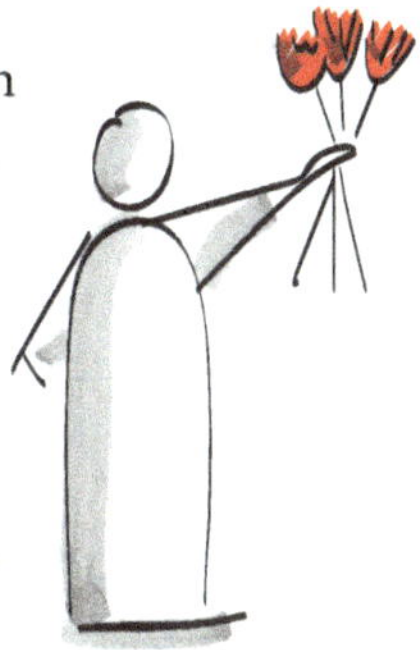

Wann haben Sie Ihre Mitarbeiter zuletzt gelobt? Wann wurden Sie selbst zuletzt für eine gute Leistung gewürdigt? Der Hauptkündigungsgrund von Herrn und Frau Schweizer ist seit Jahren mangelndes Lob und zu wenig Anerkennung. Weshalb loben Sie nicht öfter, weniger die Person als die Leistung von jemandem? Viele vergessen zu loben. Sie denken einfach nicht daran oder erachten es als nicht so wichtig. Die Mitarbeiter wissen doch, dass man (wer ist man?) sie wertschätzt. Fakt ist, die Mitarbeiter wissen es nicht. Sie tappen im Dunkeln in Bezug auf ihre guten Leistungen.

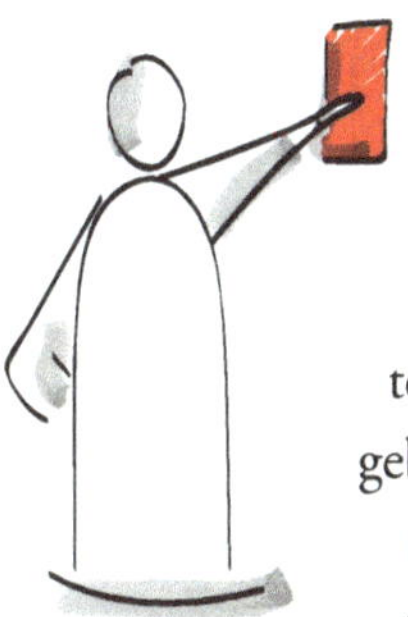

Kritisieren ist einfacher. In Tat und Wahrheit geht es dabei oft nicht um konstruktive Kritik, sondern darum, jemanden blosszustellen oder an jemandem seine schlechte Laune auszulassen. Sowohl Lob als auch Kritik helfen Ihren Mitarbeitern, sich weiterzuentwickeln. Feedback, richtig angebracht, bringt sie dazu zu lernen. Bedanken Sie sich für erhaltene Rückmeldungen, denn da war einer, der sich traute, Sie auf sich selbst aufmerksam zu machen. Was haben Sie dabei über sich selbst erfahren?

Dies sind die zielführenden Fragen, um Ihr Potential, Ihre Power und Ihre Performance in Bezug auf Ihre Gerechtigkeit zu hinterfragen und zu verstehen:

- Erinnern Sie sich an eine Situation, in der Sie ungerecht behandelt wurden. Was hat Sie dabei am meisten gestört? Was haben Sie dabei gelernt? Wie prägt dieses Erlebnis Ihr eigenes Handeln heute?
- Wie können Sie positiv auf das Gerechtigkeitsempfinden in Ihrer Umgebung einwirken?
- Welche Key Performance Indicators tragen dazu bei, gerechtere Verhältnisse zu schaffen? (Balanced Scorecard, siehe auch S. 135)

Folgende Aussagen helfen Ihnen bei der Selbstreflexion:

Meine Mitarbeitenden erfahren durch mich regelmässig Wertschätzung in ihrer Arbeit.

Meinen Mitarbeitenden ist klar, welche Konsequenzen ein Fehlverhalten ihrerseits mit sich zieht.

Meine Mitarbeiter vertrauen meinen Entscheiden.

Ich bin zu Zugeständnissen bereit, wenn diese gerechtfertigt sind.

Gerechtigkeit einmal anders

Kennen Sie die Statue von Justitia? Justitia steht für Gerechtigkeit, insbesondere die Waage, die sie in den Händen hält. Das Schwert versinnbildlicht die anschliessende Strafe, die der Schuldige erhält. Damit alles fair bleibt, sind die Augen der Justitia verbunden. So wird keiner zu Unrecht wegen seiner Herkunft, seines Aussehens oder seiner Nationalität verurteilt. Die folgende Geschichte zeigt auf, wie anspruchsvoll Gerechtigkeit sein kann.

Einer von zwei Streitenden kam zum Rabbi und schilderte ihm seine Sicht der Dinge.

Der hörte aufmerksam zu, dachte eine Weile nach und sagte:

«Du hast Recht.»

Dann kam der zweite Mann und beschrieb dem Rabbi seine Lage. Auch ihm hörte der Rabbi aufmerksam zu, wieder überlegte er und sagte:

«Du hast Recht.»

An dieser Stelle meldete sich die Frau des Rabbis zu Wort und fragte ihren Mann:

«Wie können denn beide Männer Recht haben?»

Wieder dachte der Rabbi einen Augenblick nach und antwortete dann:

«Liebes, du hast Recht.»

nach Gregory M. Corrigan

In einer Zeit, in der der Finanzsektor beinahe flächendeckend des Betruges bezichtigt wird und in schönem Rhythmus immer wieder betrügerische Aktivitäten von einzelnen Personen, Banken und von der ganzen Branche aufgedeckt werden, mag es interessant sein, Betrug näher zu betrachten. Unter welchen Voraussetzungen können Menschen geschäftsschädigende Handlungen begehen?

Gemäss Donald R. Cressey sind drei Faktoren für ein erhöhtes Betrugsrisiko in Organisationen verantwortlich, die sich in einem Dreieck (Fraud Tringle) darstellen lassen:

Gelegenheit: Der/die Täter verfügen über Kenntnisse über Sicherheitslücken im Kontrollsystem.

Druck/Motiv: Oft sind Motive aus dem Arbeitnehmer-Arbeitgeber-Verhältnis ausschlaggebend, zum Beispiel als ungerecht empfundene Boni oder (Nicht-)Beförderungen, Arbeitsüberlastung, Mobbing oder fehlende Anerkennung.

Rechtfertigung: Mit sogenannten Neutralisationstechniken wird das eigene Bild vom rechtschaffenen Mitarbeiter oder Bürger aufrechterhalten, der Betrüger muss die Tat vor sich selbst rechtfertigen können («das machen doch alle», zum Beispiel die ganze Branche).

Betrugsrisiko: Druck × Rechtfertigung × Gelegenheit

Wenn sich auch angegriffene Branchen mit echten Leadership-Kompetenzen auseinandersetzen und ihre Werte gründlich überarbeiten, können sie zu einer Balance von Kontrolle und Vertrauen zurückkehren.

Macht

Die Begriffe Herrschaft und Macht werden oft verwechselt. Der Begriff Macht ist ambivalent: Einerseits ist menschliches Zusammenleben kaum ohne Machtbeziehung zu denken, andererseits zeigen viele der bisherigen Erfahrungen, dass die Machtausübung einiger schnell zur Ohnmacht vieler führen kann. Trotzdem ist es problematisch, davon auszugehen, dass Macht automatisch mit Gewalt verbunden ist. Sie kommt dem Menschen als freier Wille zu. Das heisst nichts anderes, als dass die Menschen in der Lage sind, in der Weise auf die Welt einzuwirken, wie sie es für sinnvoll halten.

Das hat dort seine Grenzen, wo es zu Interessenkonflikten kommt; dann setzt sich der Mächtigere durch. Macht (oder Menschen, die Macht ausüben) findet an folgenden Angelpunkten statt:

- in Hierarchien
- durch die richtigen Koalitionspartner
- durch das bessere Beherrschen der Prozesse
- dank Information (Informationsvorsprung)
- durch Know-how
- wegen interner und/oder externer Netzwerke
- durch strategische Erfahrung
- durch die Beherrschung von Ressourcen (Geld, Wasser, Öl usw.)

Wir unterscheiden verschiedene Formen legitimer Macht wie Legitimationsmacht (durch Befugnisse), Sanktionsmacht (durch Belohnung und Bestrafung), Expertenmacht (durch Beeinflussung von Wissen und Fähigkeiten), Referenzmacht (durch die Identifikation der Mitarbeiter mit der Führungskraft) und charismatische Macht.

Wir begegnen der Macht überall. Am Arbeitsplatz, aber auch in unseren persönlichen Beziehungen. Gerade in privaten Beziehungen sind das Ausüben von Macht und das Gegenstück, das Aushalten von Ohnmacht, alltäglich. David Schnarch hat dies wie folgt auf den Punkt gebracht: Solange die Partner von wechselseitiger Bestätigung abhängig sind, kontrolliert immer die Person, die das geringere Bedürfnis nach Intimität hat, den Grad an Intimität in der Beziehung.

Die Gerechtigkeit ist ohnmächtig ohne die Macht; die Macht ist tyrannisch ohne die Gerechtigkeit.
Blaise Pascal

Die Macht an und für sich ist neutral. Es ist wie bei den Kommunikationstechniken. Es kommt darauf an, wie sie jemand anwendet.

Kommen wir zurück zur Gerechtigkeit. Stellen Sie sich dazu die folgenden abschliessenden Fragen:

Ist es möglich, gerecht zu sein?
In welchen Situationen bin ich in Frage gestellt worden?
Bin ich mit Sanktionen (und dem Aussprechen von Sanktionen) im Reinen?
Ertrage ich die Konsequenzen von Sanktionen, die ich ausspreche?
Ist die Sprache manchmal (z.B. in einem mehrsprachigen Team) hinderlich, wenn es darum geht, gerecht zu sein?

Um das persönliche und/oder unternehmerische Potential für Gerechtigkeit zu entfalten, helfen einige bekannte Tools.

Auf der persönlichen und der Gruppen-Ebene:

Fraud Triangle (Betrug) nach der Theorie von Donald R. Cressey (S. 123 f.).

Die vier Aspekte der Balance nach David Schnarch zu stärken, hilft, «erwachsen» zu werden: stabiles und flexibles Selbst, stiller Geist und ruhiges Herz, massvolle und angemessene Reaktionen sowie sinnvolle Beharrlichkeit.

Folgende Modelle aus dem Bereich Konflikte sind zu empfehlen: Konfliktlösungsstrategien, Eskalationsstufen-Modell (Friedrich Glasl), Eisbergprinzip (Sigmund Freud), gewaltfreie Kommunikation (Marshall B. Rosenberg), das 4-Zimmer-Modell nach Colin Wilson, 1975 (S. 78 ff.)

Ein Coaching hilft, Gerechtigkeit herzustellen und Ungerechtigkeit zu entdecken.

Für Gruppen:

Wirtschaftsmediation, wenn es um wirtschaftlich motivierte Konflikte geht. Sie bewirkt durch die Vermittlung eines Mediators in allen wirtschaftlichen oder betriebsinternen Angelegenheiten, dass die Streitparteien den Konflikt beilegen.

Gerechtigkeit schlicht und einfach

Gerechtigkeit liegt im Auge des Betrachters. Was für jemanden gerecht ist, kann durchaus auf eine andere Person ungerecht wirken. Dabei haben wir nicht wirklich ein Empfinden für Gerechtigkeit, aber wir stellen fest, wenn etwas ungerecht ist. Absolute Gerechtigkeit ist nicht möglich. Wenn Sie aber jeweils Ihre Kriterien, die zu einer Entscheidung führen, offenlegen, werden Sie zumindest als fair empfunden. Vermeiden Sie zudem offensichtliche Ungerechtigkeiten.

Wenn ein Mensch einen Tiger tötet, spricht man von Sport. Wenn ein Tiger einen Menschen tötet, ist das Grausamkeit.

George Bernard Shaw

Kenne ich mich und die Art und Weise, wie ich mich darum bemühe, gerecht zu sein? Bin ich mir darüber im Klaren, dass dies ein fortdauernder Prozess ist und dass mein Bemühen, nicht ungerecht zu sein, einen hohen Grad an Präsenz und Aufmerksamkeit mir selbst und anderen gegenüber voraussetzt?

Höre ich auf mich? Reagiere ich schnell und lösungsorientiert, wenn ich in meinem Team Ungerechtigkeiten feststelle? Gehe ich Konflikte im Team und gegenüber Vorgesetzten rasch an und verschiebe sie nicht auf später? Gebe ich meinen Gefühlen der Wertschätzung Platz, und anerkenne ich meine Mitarbeiter für gute Leistungen? Bin ich auch bereit, Kritik als Chance wahrzunehmen, sowohl wenn ich selbst kritisiert werde, als auch wenn ich andere kritisiere?

Mag ich mich? Mag ich meine Art und Weise, wie ich Entscheidungen treffe und wie ich, wenn angebracht, Zugeständnisse mache? Mag ich mich, wie ich mit Macht umgehe, ohne mich von ihr einspannen zu lassen? Mag ich mich in schwierigen Auseinandersetzungen, beziehungsweise bin ich hin und wieder stolz auf meine Art, mit Schwierigkeiten umzugehen?

Die kleine Ungerechtigkeit-Geschichte

Satire

Die Satire muss übertreiben und ist ihrem tiefsten Wesen nach *ungerecht*. Sie bläst die Wahrheit auf, damit sie deutlicher wird, und sie kann gar nicht anders arbeiten als nach dem Bibelwort: Es leiden die Gerechten mit den Ungerechten.

Was darf die Satire? Alles.
Kurt Tucholsky

Über die Fähigkeit zum Perspektivenwechsel, eine Grundlage, um gerecht sein zu können

Eines Tages nahm ein Mann seinen Sohn mit aufs Land, um ihm zu zeigen, wie die Leute dort leben. Vater und Sohn verbrachten einen Tag und eine Nacht auf einer Farm einer sehr armen Familie. Als sie wieder zurückkehrten, fragte der Vater seinen Sohn: «Wie war dieser Ausflug?» – «Sehr interessant!», antwortete der Sohn. «Und hast du gesehen, wie arm Menschen sein können?» – «Oh ja, Vater, das habe ich gesehen.» – «Was hast du also gelernt?», fragte der Vater. Und der Sohn antwortete: «Ich habe gesehen, dass wir einen Hund haben und die Leute auf der Farm haben vier. Wir haben einen Swimmingpool, der bis zur Mitte unseres Gartens reicht, und sie haben einen See, der gar nicht mehr aufhört. Wir haben prächtige Lampen in unserem Garten, und sie haben die Sterne. Unsere Terrasse reicht bis zum Vorgarten, und sie haben den ganzen Horizont.» Der Vater war sprachlos. Und der Sohn fügte noch hinzu: «Danke, Vater, dass du mir gezeigt hast, wie arm wir sind.»

nach Philip E. Humbert

Dimension | # Fachkompetenz

FACHKOMPETENZ ist die Fähigkeit, fachbezogenes und -übergreifendes Wissen zu verknüpfen, zu vertiefen, zu prüfen sowie in Handlungszusammenhängen anzuwenden. Sie beinhaltet fachliche Fertigkeiten und Kenntnisse, die in der Regel im Rahmen einer Ausbildung erworben und durch Fortbildung erweitert werden. Fachkompetenz gilt neben Sozialkompetenz und Methodenkompetenz als Teil einer umfassenden Handlungskompetenz.

Die Leadership-Dimension Fachkompetenz ist eine Managementkompetenz. Ihre Mitarbeiter erwarten von Ihnen, dass Sie die Managementwerkzeuge beherrschen. Dabei steigen die Anforderungen, wenn sich Ihr Verantwortungsbereich vergrössert. Die Werkzeuge des Managements, zum Beispiel die Fähigkeit, eine Sitzung zu leiten, Kostenrechnungen zu erstellen oder Budgetierungen vorzunehmen, sind vielfältig. Ihre Mitarbeiter erwarten von Ihnen, dass Sie dies vorbildlich können und dass Sie die Fähigkeit haben, Mitarbeiter einzustellen, die über Fachkompetenzen verfügen, in denen Sie persönlich nicht glänzen.

Fachkompetenz als Teil von LP³

Die folgende kurze Geschichte sagt mehr über Fachkompetenz aus als so manche theoretische Abhandlung.

Der Holzfäller

Es war einmal ein Holzfäller, der bei einer Holzgesellschaft um Arbeit vorsprach. Das Gehalt war in Ordnung, die Arbeitsbedingungen verlockend, also wollte der Holzfäller einen guten Eindruck hinterlassen. Am ersten Tag meldete er sich beim Vorarbeiter, der ihm eine Axt gab und ihm einen bestimmten Bereich im Wald zuwies. Begeistert machte sich der Holzfäller an die Arbeit. An einem einzigen Tag fällte er achtzehn Bäume.

«Herzlichen Glückwunsch», sagte der Vorarbeiter. «Weiter so.»

Angestachelt von den Worten des Vorarbeiters, beschloss der Holzfäller, am nächsten Tag das Ergebnis seiner Arbeit noch zu übertreffen. Also legte er sich in dieser Nacht früh ins Bett. Am nächsten Morgen stand er vor allen anderen auf und ging in den Wald. Trotz aller Anstrengung gelang es ihm aber nicht, mehr als fünfzehn Bäume zu fällen.

«Ich muss müde sein», dachte er. Und beschloss, an diesem Tag gleich nach Sonnenuntergang schlafen zu gehen.

Im Morgengrauen erwachte er mit dem Entschluss, heute seine Marke von achtzehn Bäumen zu übertreffen. Er schaffte nicht einmal die Hälfte.

Am nächsten Tag waren es nur sieben Bäume und am übernächsten fünf, seinen letzten Tag verbrachte er fast vollständig damit, einen zweiten Baum zu fällen. In Sorge darüber, was wohl der Vorarbeiter dazu sagen würde, trat der Holzfäller vor ihn hin, erzählte, was passiert war, und schwor Stein und Bein, dass er geschuftet hatte bis zum Umfallen.

Der Vorarbeiter fragte ihn: «Wann hast du denn deine Axt das letzte Mal geschärft?»

«Die Axt schärfen? Dazu hatte ich keine Zeit, ich war zu sehr damit beschäftigt, Bäume zu fällen.»

Autor unbekannt

Alle bisher besprochenen Leadership-Dimensionen und alle entsprechenden Kompetenzen, die Sie sich angeeignet haben, bringen wenig Erfolg, wenn Sie Ihre Axt nicht schärfen, das heisst, wenn Sie über zu geringe Fachkompetenzen verfügen. Auch der Vorarbeiter hätte früher auf die nicht geschärfte Axt aufmerksam werden müssen. Ein Leader kennt seinen Job, seine aufgabenbezogenen Werkzeuge, und er kennt seine Grenzen. Er stellt Mitarbeiter ein, die diese ausweiten, weil sie über Fähigkeiten verfügen, die er selber nicht hat oder für deren Einsatz ihm die Zeit fehlt. Ein guter Leader kann nicht alles besser. Er hat Mitarbeiter, die ihn ergänzen. Dabei sind die Werkzeuge der Fachkompetenz je nach Tätigkeitsbereich, in dem Sie arbeiten, grundverschieden.

Ein Leader kennt seinen Job, seine aufgabenbezogenen Werkzeuge, und er kennt seine Grenzen. Er stellt Mitarbeiter ein, die diese ausweiten, weil sie über Fähigkeiten verfügen, die er selber nicht hat oder für deren Einsatz ihm die Zeit fehlt.

David Fiorucci

Folgende Schlüsselfragen können Sie sich stellen:

Wie fühlen Sie sich, wenn Mitarbeitende die besseren Experten sind?

Wie stark interessiert Sie die strategische und finanzielle Führung eines Bereiches?

Wie viel Spass haben Sie daran, Ziele zu vereinbaren und deren Erreichung zu kontrollieren?

Hier einige Beispiele für Aufgaben, unterschiedliche Fachkompetenzen betreffend, denn das Handwerk muss sowohl der Schreiner als auch der Manager im Griff haben.

Ein Mitarbeiter kann den Gabelstapler und das Regalfahrzeug bedienen. Er lagert die Güter mit Hilfe von Gabelstaplern, Brückenkränen oder automatischen Förder- oder Sortieranlagen fachgerecht ein.

- Eine Mitarbeiterin verbucht die Zahlungen an die Kunden selbstständig und ist fähig, diese Aufwände den richtigen Kostenstellen zuzuordnen.
- Ein Mitarbeiter reinigt und pflegt die Büroräumlichkeiten nach Arbeitsschluss.
- Ein Mitarbeiter im Strassenbau setzt Pflastersteine und weist gleichzeitig einen Lehrling an, es ihm gleichzutun.

Zusätzliche Werkzeuge des Managements sind: Sitzungen leiten, Berichte erstellen, Arbeitsgestaltung und -kontrolle, persönliche Arbeitsmethodik, Budget und Budgetierungen, Kostenrechnungen, Leistungsbeurteilungen.

Im Grundsatz soll ein Managementprozess ergebnisorientiert, ganzheitlich und konstruktiv sein. Der Manager muss dabei das Wesentliche in den Mittelpunkt stellen. Die Konzentration auf die eigenen Stärken sowie das Schaffen von Vertrauen bei den Mitarbeitern führen zu einem funktionierenden Prozess, wie Fredmund Malik überzeugt ist.

Beantworten Sie folgende Fragen:

- Wie bereiten sich Ihre Mitarbeiter auf Sitzungen vor?
- Wie und wie oft kontrollieren Sie?
- Wie stark nehmen Sie Einfluss auf den Budgetierungsprozess?
- Was würde niemandem auffallen, wenn Sie es nicht mehr tun würden?

Kontrolle

Vorgesetzte mit einem Menschenbild, das davon ausgeht, dass die eigenen Mitarbeiter zur *Faulheit neigen* und über *wenig* inneren Antrieb verfügen, um zu arbeiten, neigen dazu, die Mitarbeitenden stark zu kontrollieren. *Weil sie ihnen kein selbstständiges Arbeiten zutrauen, schauen sie ihren Mitarbeitern dauernd über die Schultern.* Das führt dazu, dass diese Teammitglieder auf diese Kontrolle bauen. Sie erwarten sie geradezu. Fehlt sie oder gibt der Chef keine klaren Anweisungen, wird gewartet. *Die Mitarbeiter tun lieber nichts als etwas Falsches. Zudem entwickeln sie sich zu antriebslosen und wenig kreativen Menschen.* Dies wiederum bestätigt den Chef. *Die Mitarbeiter sind faul und verfügen über keinen eigenen Antrieb, um zu arbeiten.* Leider erkennt der Vorgesetzte nicht, dass er einer sich selbst erfüllenden Prophezeiung aufgesessen ist.

Es geht nicht darum, Ihre Mitarbeiter beim Faulenzen zu erwischen, sondern ihnen Wertschätzung in Form von massvoller Kontrolle entgegenzubringen.

Thomas Nast

Verändern Sie jetzt einmal die kursiven Textteile in positive, konstruktive Aussagen und dadurch den negativen Teufelskreis in einen konstruktiven Prozess.

Wenn Sie eine Arbeit an jemanden delegiert haben, ist es selbstverständlich, dass Sie nach einer gewissen Zeit nachfragen, wie der Stand der Dinge ist.

Methodenkompetenz

Hinter dem Begriff Methodenkompetenz verstecken sich die Fähigkeiten, Probleme zu lösen, sowie Ihre Kreativität mit den entsprechenden Techniken. Weiter können Sie gewisse Lern- und Arbeitsmethoden anwenden, die Ihnen dienlich sind, wenn es darum geht, sich notwendige Fachkompetenzen anzueignen. Jemand mit gut entwickelten und geschulten Methodenkompetenzen hat es leichter, auf einem aktuellen Stand der Dinge zu bleiben.

Lerntechniken

Nicht nur Studenten, auch Mitarbeiter jeder Stufe in internen oder externen Weiterbildungen stossen häufig an ihre Grenzen. Sie lernen nicht richtig. Sie sind jahrelang zur Schule gegangen, vielleicht studierten sie anschliessend, und trotzdem besuchten die meisten nie eine Unterrichtseinheit über Arbeits- und Lerntechniken. Lernende aller Stufen lernen einerseits zu intensiv und zu tief, andererseits zu oberflächlich. Der Stoff bleibt nicht im Gedächtnis.

Es scheint eine Hauptfunktion unseres Gedächtnisses zu sein, alles Gelernte möglichst schnell wieder zu vergessen.
Thomas Nast

Hier einige Lerntechniken, die es sich lohnt anzusehen:

Speed-Reading hilft, Texte schneller zu lesen und sich trotzdem mehr vom Gelesenen zu merken.

Das **Mind-Mapping** ist nützlich, wenn viele Informationen eines Themengebietes im Gedächtnis verankert werden sollen.

Die **Loci-Methode** eignet sich für das Auswendiglernen vieler Informationen und geht von Vorstellungsbildern aus, die an bestimmten Orten «abgelegt» werden und beim Gedanken an diesen Ort wieder auftauchen.

Das Lernen mit **Karteikarten** hilft, Inhalte zu komprimieren, und erleichtert die Wiederholung sowie die Kontrolle des bereits gelernten Stoffes. Im Gegenzug ist der Zeitaufwand gross, um die Karten herzustellen.

Die Dimensionen der Balanced Scorecard (BSC) nach Robert S. Kaplan und David P. Norton werden für den jeweiligen Zweck beziehungsweise die jeweilige Organisation festgelegt. Sie umfassen fast immer die Finanzierungsperspektive (Return) und die Kundenperspektive (Output), meist auch die Prozessperspektive (Prozesse) und die Potential- oder Mitarbeiterperspektive (Input). Ausgehend von einer Strategie, die neben den Shareholdern auch andere Stakeholder (Mitarbeitende, Lieferanten) berücksichtigt, werden kritische Erfolgsfaktoren (KEF) bestimmt, und daraus wird mit Key Performance Indicators (KPI) ein Kennzahlensystem (Scorecard) erstellt. Die Messgrössen repräsentieren den Erfüllungsgrad der strategischen Ziele.

In einem kontinuierlichen Prozess werden Ziel und Zielerreichung überprüft und durch korrigierende Massnahmen gesteuert. Wichtiges Element einer Balanced Scorecard ist das Ursache-Wirkung-Diagramm.

Die BSC ist ein strategisches Analysetool. Sie fördert vernetztes Denken und eine nachhaltige Sichtweise. Die Anforderungen an die Managementkompetenzen steigen, wenn sich Ihr Verantwortungsbereiches vergrössert. Überlegen Sie sich, ob Ihr Karrierefortschritt bereits Fachkompetenzen der strategischen Führung notwendig macht.

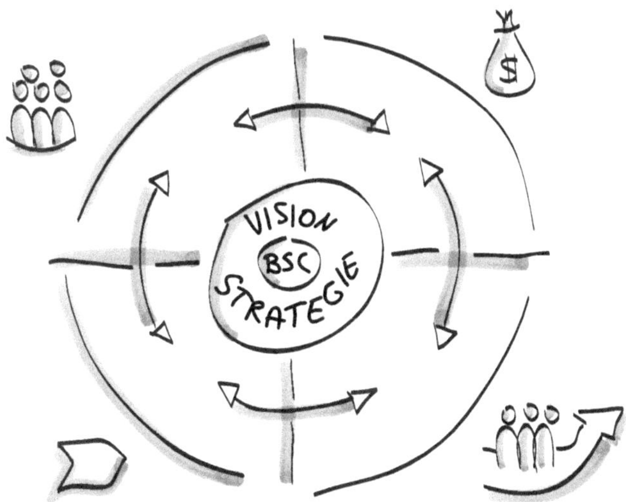

Folgende Fragen können Sie sich stellen:

- Welche Strategie verfolgen Sie?
- Haben Sie die mittel- und langfristige Perspektive berücksichtigt?
- Welche KPI sind Treiber?

Dies sind die zielführenden Fragen, um Ihr Potential, Ihre Power und Ihre Performance in Bezug auf Ihre Fachkompetenz zu hinterfragen und zu verstehen:

- Welche Aufgaben machen Sie am liebsten? Bei welcher Aufgabe benötigen Sie Unterstützung?
- Wo haben Sie die grösste Wirkung mit der Management- oder der fachtechnischen Kompetenz? Wie genau sieht diese aus?
- Welche Key Performance Indicators machen eine Aussage zu Ihrer Managementkompetenz?

Folgende Aussagen helfen Ihnen bei der Selbstreflexion:

- Ich verfüge über umfassende, funktionsnotwendige, fachliche und fachübergreifende Kenntnisse.
- Ich verfüge über funktionsnotwendige Methodenkenntnisse.
- Ich verfüge über umfassende Management-Skills.
- Ich verfüge über umfassende Kenntnisse der Strukturen, Abläufe und Prozesse.

Fachkompetenz einmal anders

Hab Geduld, alle Dinge sind schwierig, bevor sie einfach werden.
Französisches Sprichwort

Um sich Fachwissen anzueignen, gleich welcher Art, benötigen Sie mehr als eine Prise Selbstmotivation. Stellen Sie sich bitte vor, dass Sie vor der Entscheidung stehen, ob Sie ein Nachdiplomstudium oder eine langjährige andere Weiterbildung angehen sollen. Wie können Sie sicher sein, dass Sie das Studium durchhalten und nicht unterwegs aufgeben werden?

Für eine Selbstmotivation, die Sie auch eine lange Strecke durchhalten lässt, benötigen Sie in erster Linie **das Wollen:** Sie müssen «es» wirklich wollen. Dieses Wollen unterstützt Ihre innere Sinngebung. Es macht Sinn, weil Sie es wünschen.

Das Geheimnis des Könnens liegt im Wollen.
Giuseppe Mazzini

Das Wollen nährt sich aus verschiedenen Quellen:

- Sie können überzeugt sein, weil Sie den Grund dafür verinnerlicht haben, es ist notwendig (Sinn, Ziel).
- Sie wollen es, weil es Ihnen Spass und Freude bereitet (Freude).
- Sie wollen es, weil die Situation, in der Sie sich befinden, unbefriedigend (schmerzlich) ist. Sie wollen sich in eine bessere Zukunft bewegen.

Das Können ist zentral, denn wenn Sie ein Studium beginnen, für das Sie schlicht und einfach ungeeignet sind, weil Ihnen das Talent fehlt, Sie der Sache intellektuell nicht gewachsen sind oder im Gegenteil vom Studium vielleicht unterfordert sein werden, hat das Konsequenzen. Eine Ab-und-zu-Überforderung schadet nicht. Ein Immer-überfordert-Sein dagegen schon. Doch auch wenn Sie unterfordert sind, werden Sie das begonnene Studium nicht abschliessen.

«Genie ist 1 Prozent Inspiration und 99 Prozent Transpiration.»
Thomas Alva Edison

Nichts auf der Welt kann Beharrlichkeit ersetzen. Talent nicht; nichts ist weiter verbreitet als erfolglose Männer (und Frauen) mit Talent; Genialität nicht; das verkannte Genie ist schon fast zum geflügelten Sprichwort geworden; Bildung nicht; diese Welt ist voll von gebildeten Versagern; Beharrlichkeit und Entschlossenheit allein sind ausschlaggebend.

Calvin Coolidge

Das Vor-Wissen rund um Ihr Studium nährt die Neugierde, und das ist ein prächtiger Motor. Neugierde inspiriert. Sie öffnet manche Türe und lässt Sie durchhalten, wo andere müde werden. Wissen zu erlangen, fördert die Selbstsicherheit, und die erworbenen Kompetenzen helfen weiter, meist nicht nur dort, wo man es eigentlich erwarten könnte.

Um das persönliche und/oder unternehmerische Potential für Fachkompetenz zu entfalten, helfen folgende Werkzeuge.

Auf der Gruppen-Ebene, zum Teil auch auf der persönlichen Ebene nutzbar:

Die **Open Space Technology** wurde in den USA von Harrison Owen um 1985 «entdeckt» und ist inzwischen weltweit verbreitet. Open Space schafft einen Raum, in dem viele Menschen selbstorganisiert und selbstverantwortlich ihre Anliegen gemeinschaftlich bearbeiten können. Es gibt keine vorgegebenen einzelnen Themen. Jeder kann ein Anliegen, das ihm besonders am Herzen liegt, vorantreiben. Das können komplexe und dringliche gemeinsame, aber auch persönliche Fragen und Themen sein. Sie werden erst zu Beginn der Veranstaltung formuliert. Auch Konflikte können bearbeitet werden. So entsteht ein grosser Themenmarktplatz, auf dem sich die Teilnehmer zu Gruppen zusammenschliessen. Die Methode ermöglicht eine breite Beteiligung und erzeugt gegenseitiges Verständnis.

Kreativitätstechniken wie **Brainstorming,** die **6-Hüte-Methode** und viele andere, aber auch ganz einfache **Checklisten.**

Lerntypologien (auditiv, haptisch, visuell).

Alle Schulungen und Weiterbildungen mit dem Ziel, Ihre Fachkompetenzen (Skills-Management) zu erneuern und/oder zu ergänzen.

Kenne ich meine Stärken, und kenne ich meine Grenzen? Bin ich mir sicher, dass im Augenblick keine oder aber eine aktuelle Weiterbildung ansteht? Bin ich mir bewusst, dass eine Vergrösserung meines Verantwortungsbereiches immer auch eine Anpassung meiner Managementkompetenzen nach sich zieht? Bin ich bereit für lebenslanges Lernen?

Höre ich auf mich? Insbesondere in Bezug auf meine Grenzen? Akzeptiere ich, dass andere in Teilbereichen besser sein dürfen als ich selbst? Höre ich auf mich, und nehme ich mich nicht zu wichtig? Ich weiss, dass ich ersetzbar bin.

Mag ich die Art und Weise, wie ich Weiterbildung als kontinuierlichen Prozess betrachte, dem ich mich mit Freude aussetze, weil Lernen Spass macht? Bin ich bereit zu einem Neuanfang, wenn ich merke, dass der eingeschlagene Weg nicht der Richtige ist? Bin ich bereit, anderes auszuprobieren?

Die kleine Fachkompetenz-Geschichte

Über eine Grenze

Ich war noch jung. Zugegeben. Trotzdem war ich gross genug, meinem Bruder, der mit fast 40 Grad Fieber im Bett lag, zu helfen. Er ergänzte nämlich sein Taschengeld damit, dass er Printplatten bestückte. In den Siebzigern waren Printplatten das Herzstück aktueller Elektronik, und es ging darum, zum Beispiel Transformatoren in winzig kleine Löcher zu stecken und diese dann auf der Rückseite zu verlöten. Eigentlich eine einfach Sache. Doch mit hohem Fieber nicht mehr zu bewältigen. Mein Bruder erklärte mir, welches Stück auf der Printplatte wo hingehörte. Ich verstand und machte mich sogleich an die Umsetzung. Aber diese winzig kleinen Drähte in die kaum sichtbaren Löcher zu stecken, war unglaublich anspruchsvoll für mich. Nach zehn Minuten feinmotorischer Höchstleistung waren meine Hände schweissnass. Nach weiteren zehn Minuten begann ich zu fluchen, und ich wurde zusehends aggressiver. Noch einmal zehn Minuten später akzeptierte ich meine feinmotorischen Grenzen. Ich hatte einfach weder die Geduld noch die Hände für eine solche Feinarbeit. Schuster, bleib bei deinen Leisten, heisst es in einem deutschen Sprichwort. Ich überlasse Feinmotorisches seither gerne Menschen, die dies können.

Dimension | # Organisation

Das Substantiv Organisation ist vom Verb organisieren abgeleitet (planmässig ordnen, gestalten, einrichten, aufbauen), das auf das französische «organe» (mit Organen versehen: zu einem lebensfähigen Ganzen zusammenfügen) zurückgeht. Organisation steht auch für den Prozess des Organisierens, durch den fortlaufende unabhängige Handlungen zu vernünftigen Abfolgen zusammengefügt werden, so dass gute Ergebnisse erzielt werden können.

Die Leadership-Dimension Organisation beinhaltet die einfache Tatsache, dass ein Leader gut organisiert ist. Er weiss, was er wie und wann tut. Eine Führungskraft vermittelt Prozesssicherheit dadurch, dass sie ihre Planung im Griff hat, dass sie delegieren kann und effektiv und effizient zu arbeiten versteht. Bei einem Leader spiegelt sich seine durch die anderen Dimensionen erarbeitete Reife in seinem Tun. Dieses Tun zeichnet sich durch Einfachheit und Klarheit aus.

Organisation als Teil von LP³

Mitarbeitende erwarten, dass ihre Führungskräfte organisiert sind, delegieren können und effizient arbeiten. Das heisst, dass eine Führungsperson zwischen den wichtigen und weniger wichtigen Dingen zu unterscheiden weiss und entscheiden kann. Sie setzt für sich und andere Prioritäten. Auch hier gilt: Bevor Sie anderen bei ihrer Organisation zu helfen vermögen, sollten Sie sich selbst zu organisieren wissen. Die folgende Geschichte zeigt beispielhaft auf, was damit gemeint ist.

Der Krug und die Steine

Ein Zeitmanagementexperte hält eines Tages einen Vortrag vor einer Gruppe Studenten, die Wirtschaft studieren. Er möchte ihnen mit Hilfe einer Vorstellung, die sie nicht vergessen sollen, einen wichtigen Punkt vermitteln. Als er vor diesen qualifizierten, angehenden Wirtschaftsbossen steht, sagt er: «Okay, Zeit für ein Rätsel.»

Er nimmt einen leeren 5-Liter-Wasserkrug mit einer sehr grossen Öffnung und stellt ihn auf den Tisch vor sich. Dann legt er zirka zwölf faustgrosse Steine vorsichtig einzeln in den Wasserkrug. Als er den Wasserkrug mit den Steinen bis oben gefüllt hat und kein Platz mehr für einen weiteren Stein ist, fragt er, ob der Krug jetzt voll ist. Alle sagen: «Ja.» Er fragt: «Wirklich?» Er greift unter den Tisch und holt einen Eimer mit Kieselsteinen hervor. Er kippt sie in den Wasserkrug und schüttelt diesen, so dass sich die Kieselsteine in die Lücken zwischen den grossen Steinen setzen.

Gib mir sechs Stunden, um einen Baum zu fällen, und ich werde die ersten vier mit dem Schärfen der Axt verbringen.
Abraham Lincoln

Er fragt die Gruppe erneut: «Ist der Krug nun voll?» Jetzt hat ihn die Klasse verstanden, und einer antwortet: «Wahrscheinlich nicht!» «Gut!», antwortet er. Er greift wieder unter den Tisch und bringt einen Eimer voller Sand hervor. Er schüttet den Sand in den Krug, und wiederum sucht sich dieser den Weg in die Lücken zwischen den grossen Steinen und den Kieselsteinen. «Ist der Krug jetzt voll?» «Nein!» ruft die Klasse.

Er nimmt einen mit Wasser gefüllten Krug und giesst es in den anderen. Nun schaut er die Klasse an und fragt:

«Was ist der Sinn meiner Vorstellung?» Ein Angeber hebt seine Hand und sagt: «Es bedeutet, dass du, egal wie voll dein Terminkalender ist, wenn du es wirklich versuchst, noch einen Termin dazwischenschieben kannst.» «Nein», antwortet der Dozent, «das ist nicht der Punkt. Die Moral dieser Vorstellung ist: Wenn du nicht zuerst mit den grossen Steinen den Krug füllst, kannst du sie später nicht mehr hineinsetzen. Was sind die grossen Steine in eurem Leben? Eure Kinder, Personen, die ihr liebt, eure Ausbildung, eure Träume, würdige Anlässe, Lehren und Führen von anderen, Dinge zu tun, die ihr liebt, Zeit für euch selbst, eure Gesundheit, eure Lebenspartner? Denkt immer daran, die grossen Steine zuerst in euer Leben zu bringen, sonst bekommt ihr sie nicht alle unter. Wenn ihr zuerst mit den unwichtigen Dingen beginnt, dann füllt ihr euer Leben mit kleinen Dingen voll und beschäftigt euch mit Sachen, die keinen Wert haben, und ihr werdet nie die wertvolle Zeit für grosse und wichtige Dinge haben.»

Autor unbekannt

Selbstmanagement und Gesundheit

Die Bücherregale sind voll mit Titeln zu den Themen Selbstorganisation, Selbstmanagement, Stress und Gesundheitsmanagement. Wenn Sie sich die wiederkehrenden Fragen «Kenne ich mich?», «Höre ich auf mich?» und «Mag ich mich?» zu Herzen genommen haben, ist die Wahrscheinlichkeit hoch, dass Sie gesund sind. In einem strengen, wirtschaftlichen Umfeld heisst dies, dass Sie Ihrer Gesundheit, Ihrem Wohlergehen und Ihrer Lebensfreude genügend Platz einräumen.

Gesundheit ist eine dynamische Balance der produktiven Verarbeitung von äusseren und inneren Anforderungen sowie der Verwirklichung selbstbestimmter Wünsche, Anliegen und Hoffnungen.

P. Paulus

Kenne ich mich, nehme ich meine Bedürfnisse ernst, die mich gesund erhalten, und leiste ich ihnen folge? Esse ich auf eine Art und Weise, die mir entspricht und die gesund ist? Bewege ich mich genügend? Schlafe und erhole ich mich angemessen? Lebe ich ein befriedigendes Privatleben. Macht mir der Beruf angemessen Spass? Akzeptiere ich meine eigenen Grenzen, und respektiere ich meine Belastbarkeit?

Höre ich auf mich, wenn mein Körper mir Signale sendet? Wenn mein Bedürfnis nach Intimität und Sexualität zu kurz kommt? Bin ich bereit, zu handeln, wenn meine Gedanken nicht mehr frei kreisen können, weil ich von «wichtigen» Themen besetzt bin? Gehe ich ins Bett, wenn ich müde bin? Folge ich meiner inneren Stimme, die schon lange weiss, was mir gut tut? Gehe ich anstehende Konflikte so rasch als möglich an und gebe mein Bestes, diese zu lösen?

Mag ich mich, wenn ich müde und abgekämpft nach Hause komme? Wenn mich meine Kinder kaum noch grüssen und mir mein Partner oder meine Partnerin fremd ist? Wenn sich meine Gedanken nur noch um eine Sache drehen? Wenn ich übellaunig, gestresst und unhöflich bin? Wenn ich die Fähigkeit zuzuhören eingebüsst habe? Wenn ich nicht mehr bemerke, dass ich mich völlig daneben benehme? Verfüge ich über ein angemessenes Selbstwertgefühl?

Wir wollen die Themen Selbst- und Gesundheitsmanagement nicht schmälern, und es ist wichtig, dass Sie interne und externe Schulungen besuchen, die Ihnen bei Ihrer Selbstorganisation helfen und Ihnen dabei dienlich sind, Ihre Work-Life-Balance ausgeglichen zu gestalten. Wenn Sie sich allerdings die Frage «Mag ich mich?» immer wieder ernsthaft stellen (und beantworten), erübrigt sich vieles. Sie werden keinem Burn-out zum Opfer fallen, weil Arbeit und Leben ein stimmiges Ganzes sind. Das nächste Thema schliesst genau hier an.

Wenn ich mich kenne, wenn ich auf mich höre und wenn ich mich mag, dann bin ich gesund. Dann bin ich ruhig und ausgewogen! Dann bin ich mit mir in Kontakt, auch wenn rund um mich Hektik herrscht.

David Fiorucci

Einfachheit und Komplexität

Einfachheit ist das Ergebnis eines Reflexions- und Analyseprozesses. Die fünf Prinzipien zur Einfachheit nach Jiri Scherer lauten:

- Restrukturierung
- Weglassung
- Ergänzung
- Ersetzung
- Wahrnehmung

Dank diesen fünf können Sie Einfachheit in Prozessen, Dienstleistungen und bei Produkten erreichen. Einfachheit bedeutet dabei nicht zwingend weniger. Manchmal bedeutet Einfachheit, etwas zu ergänzen oder etwas aus anderer Perspektive anzuschauen.

Betrachten wir auch den Gegenpol von Einfachheit, in einem wirtschaftlichen Sinne geht es dabei Komplexität: Man spricht von Komplexität, wenn man das Gesamtverhalten eines Systems oder Modells selbst dann nicht eindeutig beschreiben kann, wenn man vollständige Informationen über seine Einzelkomponenten und ihre Wechselwirkungen besitzt.

Viele Führungskräfte betrachten die Zunahme von Komplexität als gefährlicher für die Unternehmungen als mangelndes Marktpotential. Sicher ist, dass die uns zur Verfügung stehende Menge an Informatio-

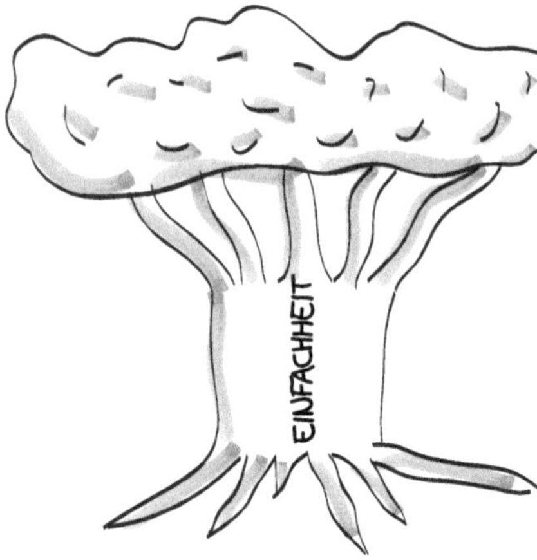

nen erheblich zugenommen hat. Dabei geht es um Globalisierung, Expansion, Daten-, Energie- und Geldströme. Durch das tägliche, ja stündliche immer schnellere Erfassen von Daten wird die Fülle an Information einfach zu viel des Guten. Dabei den Überblick zu behalten, ist nicht mehr möglich.

Menschen, die sich um ein Verständnis von Komplexität bemühen, neigen häufig zur Perfektion. Diese entsteht dabei aus Angst, Fehler zu machen. Komplexe Systeme bis ins Detail verstehen zu wollen und es nicht zu können, kann einen wirklich das Fürchten lehren. Hier hilft nur der Mut zur Lücke, ansonsten sitzen Sie in der Nice-to-have-Falle, wie Dieter Brandes dies nennt. Sie generieren immer mehr Daten im Bemühen, die Komplexität zu verstehen. Wenn Sie sich nicht darüber im Klaren sind, was genau Sie wollen und wohin der Weg führt, sind die verfügbaren Informationen nicht zu bewältigen. Genauso sollte Ihnen klar sein, wohin Ihr Weg nicht führt. Wir erinnern uns: Ein Leader mit einer Vision, einer Strategie und mit richtungsweisenden Werten bewältigt die vielfältigen Fallen auf dem Weg von A nach B sicherer.

Das ist eines meiner Mantras gewesen – Fokus und Einfachheit. Einfach kann schwerer sein als komplex sein: Man muss hart arbeiten, um das eigene Denken so sauber zu bekommen, damit man es einfach machen kann. Aber zuletzt lohnt es sich, weil man Berge versetzen kann, wenn man erst mal dahin gelangt.

Steve Jobs

Deshalb:

- Behalten Sie das Ziel im Auge.
- Nehmen Sie die Kundenperspektive ein.
- Nehmen Sie sich Zeit für die Reflexion.

Denken Sie «out of the box» (will heissen: ungewöhnlich, anders, überraschend und kreativ).

Sie können vermeiden, dass die Komplexität weiter zunimmt, und Sie können noch bestehende auf das Notwendigste reduzieren. Die übriggebliebene Restkomplexität wird dann eher beherrscht. Mehr Autonomie auf den einzelnen Mitarbeiter zu übertragen, ist ein mögliches Mittel zur Vereinfachung.

Einfachheit ist die höchste Stufe der Vollendung.

Leonardo da Vinci

Delegation

Delegation als Vorgang (lat. delegare: hinschicken, anvertrauen, übertragen) bezeichnet die Übertragung von Zuständigkeiten und damit Handlungskompetenzen von einer Instanz (Delegat, Delegierender) an in der Regel untergeordnete Abteilungen oder Stellen (Delegationsempfänger). Delegation ist ein spezifisches Mittel der Arbeitsteilung.

Zur effizienten Führung gehört eine gut geplante Delegation. Nur so bleibt Zeit für die Kernaufgaben. Wer delegiert, der führt. Wer gut delegiert, entwickelt Mitarbeitende weiter.

Delegieren ist eigentlich einfach. Da wird eine Aufgabe einem Mitarbeitenden mit den dazu erforderlichen Kompetenzen übertragen. Damit erhält sie oder er gleichzeitig die Verantwortung für das Aufgabengebiet. Die Gesamtverantwortung bleibt aber bei der delegierenden Person. So viel zur Theorie des Delegierens.

Im Alltag geschehen viele Fehler. Sind auch Sie der Meinung, dass die meisten Führungsfehler in Zusammenhang mit Delegation passieren? Ein Grund dafür liegt in der Sich-selbst-erfüllenden-Prophezeiung: der Teufelskreis des Nichtdelegierens.

Alles selbst machen zu wollen, ist das Kennzeichen des Unbegabten.

Richard von Schaukal

Die Führungsperson ist überzeugt, dass ihre Mitarbeitenden etwas nicht können, dass diese zu wenig engagiert sind. Eine solche Haltung entsteht, wenn sie zu wenig Vertrauen in deren Fähigkeiten hat.

- Folge: Es werden keine ganzheitlichen Aufgaben mit den entsprechenden Kompetenzen und Verantwortlichkeiten an die Mitarbeiter übergeben.
- Folge: Die Mitarbeiter erhalten keine Chancen dazuzulernen, so können sie auch keine Erfolge feiern. Sie werden passiv in ihrem Arbeitsverhalten.
- Die Führungsperson erhält die eigene Vorannahme bestätigt, dass die Mitarbeiter mangelnd qualifiziert sind und zu wenig Eigeninitiative zeigen.

Hier einige Fragen zur Selbstreflexion in Bezug auf das Thema Delegation:

- Delegieren Sie, oder erteilen Sie Aufträge?
- Wie oft kontrollieren Sie, wenn Sie delegieren? Warum?
- Haben Sie Ihre gegenseitigen Erwartungen geklärt?

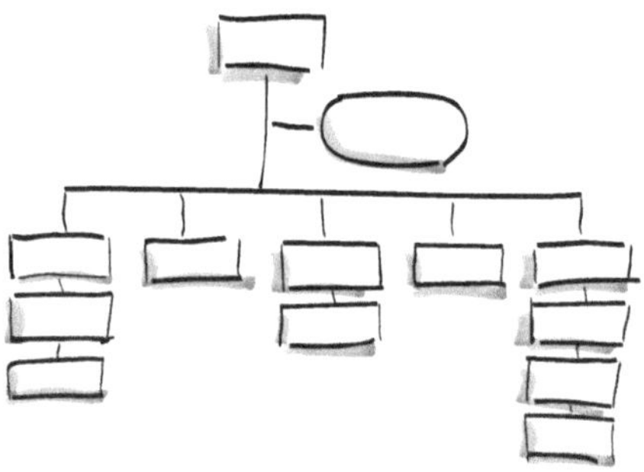

Dies sind die zielführenden Fragen, um Ihr Potential, Ihre Power und Ihre Performance in Bezug auf Ihre Organisation zu hinterfragen und zu verstehen:

- Bei welchem Delegationsauftrag haben Sie am meisten gelernt? Welche Aufgaben delegieren Sie? Welchen Einfluss hat Ihre Delegation auf Ihre Ressourcen?
- Wann haben Sie das letzte Mal delegiert, um gezielt die Entwicklung eines Mitarbeitenden zu fördern? Wie war die Wirkung?
- Welche Key Performance Indicators machen eine Aussage zur Art, wie Sie organisieren?

Folgende Aussagen helfen Ihnen bei der Selbstreflexion:

Ich arbeite organisiert.

Ich kann gut loslassen und delegieren.

Ich übertrage meinen Mitarbeitenden Aufgaben immer mit den zugehörigen Kompetenzen und der notwendigen Verantwortung.

Mein Team arbeitet nach klar kommunizierten und gelebten Qualitätsstandards.

Organisation einmal anders

Glaubenssätze

Sie sind geprägt von positiven und von negativen Glaubenssätzen. Am Beispiel delegieren können Sie diese verstehen lernen. Welcher Glaubenssatz bringt Chefs dazu, nicht oder ungenügend zu delegieren?

1. Zu geringe Qualifikation der Mitarbeiter: «Die können das nicht.»
2. Sie haben kein Vertrauen in ihre Mitarbeiter: «Ich habe die Verantwortung, also mache ich es selbst.»
3. Selbst erfüllen sie eine Aufgabe schneller und besser: «Wenn ich die Aufgabe selbst erledige, brauche ich weniger Zeit, als wenn ich dem Mitarbeiter alles erklären, kontrollieren und verbessern muss.»
4. Erwartung der Kundschaft: «Viele Kunden sind beleidigt, wenn ein beliebiger Mitarbeiter ihren wichtigen Fall behandelt.»
5. Anerkennung durch die eigenen Vorgesetzten: «Mein Chef erwartet, dass ich die mir delegierten Aufgaben persönlich erledige.»
6. Hebung des Ansehens oder Angst vor Verlust der fachlichen Autorität: «Wenn meine Aufgaben auch von einem Mitarbeiter ausgeführt werden könnten, brauchte es mich ja gar nicht.»
7. Furcht von dem Stellvertreter oder dem Nachfolger: «Ich will keine Positionskämpfe, lieber halte ich die Mitarbeitenden im Dunkeln.»
8. Rückdelegation des Mitarbeiters: «Die Führungsperson wird durch Fragen, Informationen und Bitten um Entscheidungen und Hilfestellungen derart vom Mitarbeiter beansprucht, dass die Aufgabe faktisch trotzdem von der Führungsperson ausgeführt wird.»

9. Falsche Rücksichtnahme: «Die Mitarbeiter sind derart überlastet, dass ich die Arbeit besser selber erledige.»

Das Verrückte an Glaubenssätzen ist, dass sie beinahe nicht zu knacken sind. Sie glauben unbewusst an sie, und Sie denken deshalb, dass Sie das Richtige tun. Sobald ein Glaubenssatz wirkt, funktionieren Sie in Ihrem Verhalten wie ein eingeschaltetes Programm.

> Nehmen wir die Aussage: «Ich bin dumm.» Sie mag richtig sein, mit grosser Wahrscheinlichkeit ist sie es aber nicht. Solange Sie jedoch persönlich daran glauben, dass Sie dumm sind, werden Sie sich auch so verhalten.
>
> *Thomas Nast*

Glaubenssätze beinhalten alle Dinge, von denen Sie denken, dass sie wahr sind. Ob sie das wirklich sind oder nicht, ist dabei sekundär. Solange Sie es glauben, sind sie in Ihrer persönlichen Welt bestimmend und deshalb für Sie wahr. Nehmen wir die Aussage: «Ich bin dumm.» Sie mag richtig sein, mit grosser Wahrscheinlichkeit ist sie es aber nicht. Solange Sie jedoch persönlich daran glauben, dass Sie dumm sind, werden Sie sich auch so verhalten. Sie glauben nicht an sich. Wenn es ums Lernen geht und Sie erwarten, dass Sie das zu Lernende nicht verstehen werden, sind Sie blockiert: Sie können so viel Zeit investieren, wie Sie wollen, Sie können es einfach nicht begreifen. Noch wenn Sie den Inhalt erfasst haben, glauben Sie selbst nicht daran, dass Sie es verstanden haben.

Erinnern Sie sich an die Antreiber aus der Dimension Werte: «Sei perfekt», «sei schnell», «sei stark», «streng dich an» und «mach es allen recht». Sie alle sind starke Glaubenssätze.

Glaubenssätze können durchaus auch positiv ausfallen:

- Ich kann gut Französisch sprechen.
- Ich rechne gerne, Mathematik liegt mir.
- Ich finde mich attraktiv.
- Ich bin intelligent.
- Ich bin liebenswert.
- Führen liegt mir.
- Ich kenne mich.
- Ich höre auf mich.
- Ich mag mich.

Organisieren Sie Ihre Störungen

Sie kennen die Situation, Sie möchten ungestört arbeiten, doch andauernd ist etwas:

- Sie werden um Rat gefragt.
- Das Telefon klingelt.
- Frau Müller erzählt vom Wochenende.
- Herr Müller schildert das Fussballspiel seines Clubs.
- Ihr Vorgesetzter fragt nach einem Mail.
- Der Lehrling sucht die Briefmarken.

Ich kann meine Art zu leben nicht durch Denken ändern. Es ist andersherum. Ich lebe, und dadurch ändert sich meine Art zu denken.

David Schnarch

Sie sitzen in Ihrem eigenen Büro, doch im Sinne einer kooperativen Zusammenarbeit steht die Türe immer für alle offen. Sie könnten auch gleich anschreiben: Bitte stören Sie mich doch! Aber jede kleine Störung zerstört auch Ihre Konzentration. Jede Frage unterbricht Ihren Arbeitsfluss. Jedes klingelnde Telefon lässt Sie vergessen, was gerade noch wichtig war. Früher oder später werden Sie kapitulieren. Entweder kommen Sie am Morgen wesentlich früher, oder Sie bleiben am Abend länger. Endlich haben Sie einige Stunden ungestörte Arbeitszeit. In dieser erledigen Sie all die Arbeiten, die der Konzentration bedürfen. Tagsüber kommen Sie eh nicht vom Fleck. Stellen Sie sich, wenn Sie sich solches Arbeiten angewöhnt haben, zwischendurch die Frage: Höre ich auf mich, und mag ich mich? Sie dürfen sich auch fragen, ob ein solches Arbeitsverhalten

- dem Anspruch ans Delegieren gerecht wird
- eine gute Form der Selbstorganisation ist
- familienförderlich ist und ob Ihre Partnerin und Ihre Kinder dies langfristig gutheissen und unterstützen werden
- Ihre Gesundheit dies lange mitmachen wird

Besser ist, wenn Sie sich so organisieren, dass Sie die Arbeit in der dafür festgelegten Zeit erledigen.

Ein wichtiger Schritt dabei ist das Einführen von Sperrzeiten. Niemand muss rund um die Uhr erreichbar und persönlich ansprechbar sein. Auch Sie nicht. Sagen Sie rechtzeitig Nein. Lassen Sie sich zwei Stunden nicht stören. Informieren Sie Ihre Umgebung, stellen Sie das Telefon um, und gewähren Sie Ihren Mitarbeitenden das gleiche Recht. Auch diese sollen ungestört arbeiten können, und zwar in der dafür vorgesehenen Arbeitszeit. Das lässt sich organisieren.

Einige Fragen zur Selbstreflexion:

- Wie planen Sie?
- Wie gehen Sie mit Störungen um?
- Was ist für Sie gute Organisation?

Kenne ich mich in Bezug auf meine Selbstorganisation und auch in Bezug auf die Organisation von meinem Team, von Aufgaben und von Prozessen? Weiss ich um meine Stärken und Schwächen in Bezug auf Priorisierung und Delegation? Habe ich meine Termine im Griff? Lasse ich mich bei persönlichen Schwächen organisatorisch unterstützen? Ist meine selbst- und fremdbestimmte Zeit in einem gesunden Verhältnis. Nehme ich mir genügend Zeit für die Familie und für mich selbst?

Höre ich auf mich? Beachte ich meine inneren Warnsignale, wenn die Organisation meines Lebens an ihre Grenzen stösst? Höre ich auf mich, wenn ich überorganisiert bin und kein Platz für Störungen und kreative Denkpausen bleibt? Wenn ich mich nicht mehr entspannen, nicht mehr loslassen oder schlafen kann? Höre ich auf meinen Körper in Bezug auf Sport und Bewegung? Bin ich gesund und ausgeglichen?

Mag ich mich, weil ich entspannt und locker bin? Weil ich gut organisiert bin und die richtigen Prioritäten setze? Mag ich meine ausgeglichene Art? Mag ich meine Work-Life-Balance, weil diese Arbeit und Leben als ein harmonisches Ganzes zulässt? Mag ich die Art und Weise, wie ich mich erhole? Wie ich mich gesund ernähre? Wie ich genügend Sport betreibe? Wie ich meine Beziehungen lebendig halte? Wie ich liebesfähig bin? Wie ich meine Freizeit gestalte?

Um das persönliche und/oder unternehmerische Potential für Organisation zu entfalten, helfen einige bekannte Tools.

Auf der persönlichen und der Gruppen-Ebene:

Zahlreiche Werkzeuge aus dem Bereich **Selbstmanagement** wie Eisenhower-Prinzip, Flow-Prinzip nach Mihály Csikszentmihalyi, autonome Stressregulation nach IBP Institut, Dr. med. Markus Fischer, 4 Aspekte der Balance nach David Schnarch, Lebensdreieck nach Thomas Nast etc.

Zahlreiche Methoden aus der **Arbeits- und Lerntechnik.**

Zahlreiche Methoden aus der **Organisationslehre.**

Ein **Coaching** hilft Ihnen dabei, die Wahrnehmung betreffs persönlicher Organisation, aber auch diejenige Ihres Teams, Ihrer Abteilung, Ihres Bereiches und Ihrer Unternehmung sichtbar zu machen und zu reflektieren.

Organisation schlicht und einfach

Wenn Sie am Abend zu Bett gehen und auf Ihren Tag zurückblicken, sind Sie dann zufrieden? War Ihr Tag massvoll gut organisiert? Konnten Sie sich einigermassen an die eigenen, planerischen Vorgaben halten? Gab es Platz für Störungen und kreative Augenblicke?
Hatten Sie die Verwaltung Ihrer Mails im Griff? Sind die selbstbestimmten Tätigkeiten vielfältiger als die fremdbestimmten? Hatten Sie Ihre Termine unter Kontrolle? Arbeiteten Ihre Mitarbeiter zu Ihrer Zufriedenheit, und kontrollierten Sie Ihr eigenes Bedürfnis nach Kontrolle massvoll? Nahmen Sie sich zwei ungestörte Stunden für Konzeptarbeiten? Wenn Sie die meisten dieser Fragen mit Ja beantworten können, sind Sie organisatorisch gut unterwegs. Man kann auch überorganisiert sein. Sie sind dies nicht. Offensichtlich verfügen Sie über eine angemessene und nicht übertriebene Selbstdisziplin. Arbeitsdisziplin wird von vielen Faktoren beeinflusst. Dazu gehören Aufmerksamkeit, Konzentration, Ablenkbarkeit und ein positiver Umgang mit dem

Vollkommenheit entsteht nicht dann, wenn man nichts mehr hinzufügen kann, sondern wenn man nichts mehr wegnehmen kann.

Antoine de Saint-Exupéry

eigenen Lustprinzip. Jeder Mensch kennt diszipliniertes Verhalten. Einige stehen pünktlich auf. Andere arbeiten konzentriert. Übertragen Sie Ihr persönliches Diszipliniert-Sein auf andere Bereiche, in denen Sie glauben, nicht zu genügen.

Drei kleine Organisation-Geschichten ...

Die sieben Weltwunder – eine weise Geschichte

Eine Schulklasse wurde gebeten, die sieben Weltwunder zu notieren. Folgende Rangliste kam zustande:

1. Pyramiden von Gizeh
2. Taj Mahal
3. Grand Canyon
4. Panamakanal
5. Empire State Building
6. St.-Peters-Dom im Vatikan
7. Chinesische Mauer

Die Lehrerin merkte beim Einsammeln der Resultate, dass eine Schülerin noch am Arbeiten war. Deshalb fragte sie die junge Frau, ob sie Probleme mit ihrer Liste hätte.

«Ja. Ich konnte meine Entscheidung nicht ganz treffen. Es gibt so viele Wunder.»

Die Lehrerin sagte: «Nun, teilen Sie uns das mit, was Sie bisher haben, und vielleicht können wir ja helfen.»

Die junge Frau zögerte zuerst und las dann vor.

«Für mich sind das die sieben Weltwunder:

1. Sehen
2. Hören
3. Sich-Berühren
4. Riechen
5. Fühlen
6. Lachen …
7. … und Lieben.»

Im Zimmer wurde es ganz still. Diese alltäglichen Dinge, die wir als selbstverständlich betrachten und oft gar nicht realisieren, sind wirklich wunderbar. Die kostbarsten Sachen im Leben sind jene, die nicht gekauft und nicht hergestellt werden können.

Bob Moorehead

Sommermärchen

Vor langer Zeit verabredete eine Schweizer Firma mit ihrer japanischen Konkurrenz, jedes Jahr ein Wettrudern mit einem Achter auf dem Rotsee auszutragen. Beide Mannschaften trainierten lange und hart, um ihre höchste Leistungsfähigkeit zu erreichen.

Als der grosse Tag des Wettkampfes kam, waren beide Mannschaften topfit. Die Japaner gewannen jedoch mit zehn Längen Vorsprung. Nach dieser Niederlage war das Schweizer Team sehr niedergeschlagen und die Moral auf einem Tiefpunkt. Das Management entschied, dass der Grund für diese vernichtende Niederlage unverzüglich herauszufinden sei. Ein Projektteam wurde eingesetzt, um das Problem zu untersuchen und geeignete Massnahmen zu empfehlen.

Die Untersuchung ergab: Bei den Japanern ruderten acht Leute, und ein Mann steuerte. Im Boot der Schweizer dagegen ruderte ein Mann, und acht Leute steuerten. Das Management engagierte daraufhin eine Beratungsfirma, um eine Studie über die Struktur des heimischen Teams anzufertigen. Einige Monate später und nach Kosten in Millionenhöhe zogen die Berater den entscheidenden Schluss: Es steuern zu viele, und es rudern zu wenige.

Um einer Niederlage gegen die Japaner im nächsten Jahr vorzubeugen, wurde die Teamstruktur geändert. Es gab jetzt vier Steuermänner, drei Obersteuerleute und einen Steuerungsdirektor. Ein Leistungsbewertungssystem wurde eingeführt, um dem Mann, der das Boot rudern sollte, mehr Ansporn zu geben, sich noch mehr anzustrengen und ein Leistungsträger zu werden. «Wir müssen seinen Aufgabenbereich erweitern und ihm mehr Verantwortung geben!» Damit sollte es gelingen!

Im nächsten Jahr gewannen die Japaner mit zwanzig Längen Vorsprung. Die Firma entliess den Ruderer wegen schlechter Leistung, verkaufte Boot und Ruder, stoppte alle Investitionen in neues Gerät und die Entwicklung eines neuen Bootes. Der Beratungsfirma wurde eine lobende Anerkennung für ihre Arbeit ausgesprochen und das «eingesparte» Geld als Sondertantieme an das Management ausgeschüttet.

Autor unbekannt

Wie Glaubenssätze entstehen

«Das darfst du nicht», sagte der Vater. Gläubig blickte der Kleine zu ihm auf und liess es sein.

«Dafür bist zu klein», erklärte die Mutter. Respektvoll zog er sich zurück.

«Auch dies ist nicht gut», erzog ihn der Vater.

«Und jenes nicht recht», erzog ihn die Mutter.

«Wenn grosse Leute sprechen, sagen Kinder nichts», ermahnte man ihn. Also schwieg er bescheiden.

«Gib dich nicht so dumm!», rügte der Lehrer. Und der Junge liess das Fragen.

«Er ist so linkisch und gar nicht gesprächig», langweilten sich die Mädchen. Das munterte ihn gar nicht auf.

«Sitz nicht im Hause herum!», rügte der Vater.

«Was suchst du auf der Strasse?», rügte die Mutter.

«Er wirkt verklemmt», meinte der Arzt.

«Verschlossen!», sagte der Lehrer. «Verträumt. Was soll aus ihm werden?»

«Kann ich nicht brauchen», urteilte der Chef. «Vergrämt mir die Kundschaft. Spricht kaum. Keinen eigenen Kopf. Fragt aber auch nichts. Seltsamer Kauz!»

«Organisch gesund!», sagte der Arzt.

«Und war so ein hübsches Kind», flüsterten die Nachbarn. «Alle kümmerten sich um ihn: die Familie, die Schule, nichts fehlte ihm. Aber er wird mit dem Leben nicht fertig. Die armen Eltern.»

Autor unbekannt

Nachwort

Swiss Life befindet sich gegenwärtig in einer der wichtigsten Transformationsphasen ihrer Geschichte: Sie will nicht mehr ein reiner Lebensversicherer sein, sondern umfassende Vorsorge- und Finanzlösungen anbieten. In einem solchen von Innovation geprägten Umfeld kommt den Führungskräften eine entscheidende Rolle zu: Leadership und Leadership-Skills sind unabdingbare Voraussetzungen für den Erfolg. Als «Change Agents» zeigen sie ihren Mitarbeitenden, wohin wir uns als Organisation bewegen wollen und welchen Beitrag jeder Einzelne leisten kann. Und selbstverständlich gehen sie mit gutem Beispiel voran. Um diese Aufgaben wahrzunehmen, müssen die Vorgesetzten die gleiche Sprache wie ihre Mitarbeitenden sprechen.

Deshalb haben wir in der Führungsausbildung bei Swiss Life Schweiz auf allen Stufen von der Geschäftsleitung bis zum Teamleiter mit dem LP^3-Modell gearbeitet. Nebst der gleichen Sprache geht es um ein gemeinsames Verständnis von Führung, um die drei P: Potential, Power und Performance. Jede Führungskraft soll das eigene Potential – also ihre Schwächen und Stärken – kennen, sich der eigenen Wirkung – der Power – bewusst sein und die eigene Performance – also die Leistung – hinterfragen. Auf diese Weise findet der Vorgesetzte beispielsweise heraus, welchen Einfluss sein Team auf die Gesamtleistung hat und was sein eigener Beitrag ist. Wir haben das Programm für die gesamte Belegschaft transparent gemacht, so wissen die Mitarbeitenden genau, mit welchen Fragen sich ihr Vorgesetzter auseinandersetzt. Schliesslich geht es darum, dass Vorgesetzte und Mitarbeitende ein Bewusstsein dafür entwickeln, dass eine Führungskraft nie perfekt ist – und es auch gar nicht sein kann. Ist dies allen klar, entsteht daraus ein echtes Miteinander, und die gemeinsame Arbeit macht Freude.

Wir bei Swiss Life sind dank dem LP^3-Modell näher zusammengerückt, das gegenseitige Vertrauen ist gestiegen. Und das zeigt sich ganz konkret: Noch nie hatte Swiss Life Schweiz ein besseres und erfolgreicheres Jahr als 2014.

Ivo Furrer, CEO Swiss Life Schweiz,
im November 2015

Selbsttest

Überprüfen Sie Ihr Potential, und zeichnen Sie in untenstehende Skizze ein

- in welchen drei Dimensionen Sie noch Potential haben
- in welchen drei Dimensionen Sie Stärken haben und
- in welcher Dimension Sie am meisten Spass haben

Wenn Sie sich für ein LP³-360°-Online-Fremdbild, Ausbildungen, Weiterbildungen und Coachings interessieren, informieren Sie sich auf den folgenden Websites:

www.lp3leadership.com und www.thomkomm.ch

Die Autoren

David Fiorucci (*1968) hat über zwanzig Jahre Führungserfahrung mit Teams sowohl in KMUs als auch in grossen Schweizer und internationalen Firmen. Er hat LP^3 erfunden und bei der Schweizerischen Post und bei Swiss Life bereits angewendet. Als Direktionsmitglied von Swiss Life Schweiz und Verantwortlicher für Head Learning und Development hat er dort die Transformation auf die Beziehungs- und Emotionsebene begleitet. Er ist Mitglied im Beirat der Schweizerischen Vereinigung für Führungsausbildungen (SVF).

Thomas Nast (*1961), Inhaber der «thomkomm.ch», arbeitet als Mediator und Speaker, als LP^3-Leadership-Trainer sowie als Coach unter anderem bei den ETH Almuni Career Services in Zürich. Er war Begründer und Leiter einer Marketingagentur, Dozent an der Privaten Hochschule Wirtschaft (phw) und an der Hochschule für Agrar-, Forst- und Lebensmittelwissenschaften HAFL.

Personenverzeichnis

Adler, Alfred (1870–1937), österreichischer Arzt und Psychotherapeut

Äsop (620–564 v. Chr.), griechischer Dichter

Bohr, Niels Henrik David (1885–1962), dänischer Physiker und Nobelpreisträger

Brandes, Dieter (*1941), ehemaliger Geschäftsführer von Aldi und Buchautor

Coolidge, John Calvin (1872–1933), 30. Präsident der Vereinigten Staaten

Corrigan, Gregory M. (1923–2009), US-amerikanischer Autor

Covey, Stephen R. (1932–2012), US-amerikanischer Bestsellerautor von Selbsthilfebüchern

Csíkszentmihályi, Mihály (*1934), emeritierter Professor für Psychologie an der University of Chicago und Autor

da Vinci, Leonardo (1452–1519), italienisches Universalgenie

Diehl, Richard (*1940), NLP-Trainer in den USA

Edison, Thomas Alva (1847–1931), US-amerikanischer Erfinder und Unternehmer

Fischer, Markus (*1953), Facharzt für Psychiatrie und Psychotherapie FMH in Winterthur

Ford, Henry (1863–1947), Gründer der Ford Motor Company

Frankl, Viktor Emil (1905–1997), österreichischer Neurologe und Psychiater

Freud, Sigmund (1856–1939), österreichischer Neurologe und Tiefenpsychologe

Frisch, Max Rudolf (1911–1991), Schweizer Schriftsteller und Architekt

Fromm, Erich (1900–1980), deutsch-US-amerikanischer Psychoanalytiker

Glasl, Friedrich (*1941), österreichischer Ökonom, Organisationsberater und Konfliktforscher

Helwig, Paul (1893–1963), deutscher Psychologe, Philosoph, Theaterregisseur und Buchautor

Hesse, Hermann Karl (1877–1962), deutscher Schriftsteller, Dichter und Maler

Humbert, Philip E., Dr., US-Coach

Jobs, Steve (1955–2011), Mitbegründer und langjähriger CEO von Apple Inc.

Jung, Carl Gustav (1875–1961), Schweizer Psychiater und Begründer der analytischen Psychologie

Jungk, Robert, eigentlich Robert Baum (1913–1994), Publizist, Journalist und einer der ersten Zukunftsforscher

Kabat-Zinn, Jon (*1944), emeritierter Professor an der University of Massachusetts Medical School in Worcester

Konfuzius (551–479 v. Chr.), chinesischer Philosoph

Kübler-Ross, Elisabeth (1926–2004), schweizerisch-US-amerikanische Psychiaterin

Laotse (6. Jahrhundert v. Chr.), chinesischer Philosoph

Lennon, John Winston (1940–1980), britischer Musiker

Lincoln, Abraham (1809–1865), 16. Präsident der Vereinigten Staaten von Amerika

Machiavelli, Niccolò di Bernardo (1469–1527), florentinischer Philosoph, Politiker, Diplomat, Chronist und Dichter

Malik, Fredmund (*1944), österreichischer Wirtschaftswissenschaftler

Mazzini, Giuseppe (1805–1872), italienischer Jurist, Demokrat und Freiheitskämpfer

McCartney, James Paul (*1942), britischer Musiker, Singer-Songwriter, Komponist

Moeller, Michael Lukas (1937–2002), Psychoanalytiker, Hochschullehrer und Sachbuchautor

Moorehead, Bob, Dr., US-amerikanischer Pastor

Müller Meyer, Dorriet (*1970), Psychologin in Zürich

Naisbitt, John (*1929), US-amerikanischer Autor zu Trend- und Zukunftsforschung

Nasreddin (13./14. Jahrhundert), Schriftsteller in Anatolien

Pascal, Blaise (1623–1662), französischer Mathematiker, Physiker und Philosoph

Passagno, keine weiteren Angaben gefunden

Paulus, P., weitere Angaben konnten nicht ermittelt werden

Passagno, G., weitere Angaben konnten nicht ermittelt werden

Petzold, Hilarion Gottfried (*1944), deutscher Psychologe

Robbins, Anthony (*1960), US-Autor und NLP-Trainer

Rosas, Carlos, Co-Creator und Founder von Nia, USA

Rosas Stewart, Debbie, Co-Creator und Founder von Nia, USA

Rosenberg, Jack Lee (*1932), US-Autor

Saint-Exupéry, Antoine Marie Jean-Baptiste Roger Vicomte de (1900–1944), französischer Schriftsteller und Pilot

Schmidt, Helmut Heinrich Waldemar (1918–2015), deutscher Bundeskanzler

Schnarch, David Morris (*1946), US-amerikanischer Paar- und Sexualtherapeut

Schneider-Bean, Sundae, Coach in Bern

Shaw, George Bernard (1856–1950), irischer Nobelpreisträger für Literatur

Sokrates (469–399 v. Chr.), griechischer Philosoph

Thích Nhất Hạnh (*1926), vietnamesischer buddhistischer Mönch, Schriftsteller und Lyriker

Tucholsky, Kurt (1890–1935), deutscher Journalist und Schriftsteller

van der Sman, Arnoud (*1957), Trainer für Mensch und Tier, Gerlafingen

von Schaukal, Richard (1874–1942), österreichischer Dichter

Zinkgraff, Manfred P. (*1961), deutscher Trainer

Literaturverzeichnis

Alexander, Graham: Behavioural coaching – the GROW model, 2010.

Barnes, Graham; Muhlack, Susanne: Transaktionsanalyse seit Eric Berne/ Was werd' ich morgen tun?, 1980.

Blake, Robert R.; Mouton, Jane Srygley: The Managerial Grid: The Key to Leadership Excellence, 1964.

Brandes, Dieter: Einfach managen – Klarheit und Verzicht? Der Weg zum Wesentlichen, 2005.

Brown, Juanita; Isaacs, David: The World Cafe Book, 2007.

Brügger, Chris; Hartschen, Michael; Scherer, Jiri: Strategien für einfache Produkte, Dienstleistungen und Prozesse, 2011.

Bucay, Jorge: «Komm, ich erzähl dir eine Geschichte», E-Book.

Conzen, Peter: Erik H. Erikson. Grundpositionen seines Werkes, 2010.

Cressey, Donald: Criminal Organization: Its Elementary Forms, 1972.

Csíkszentmihályi, Mihály: Flow im Beruf. Das Geheimnis des Glücks am Arbeitsplatz, 2004.

Fine, Alan; Merrill, Rebecca R.: You already know how to be great: a simple way to remove interference and unlock your greatest potential, 2010.

Fischer, Markus: autonome Stressregulation, siehe www.ibp-institut.ch/ methode-ibp/ibp/

Foster, Steven; Little, Meredith: Visionssuche. Das Raunen des Heiligen Flusses. Sinnsuche und Selbstheilung in der Wildnis, 3. Auflage, 2012.

Glasl, Friedrich: Konfliktmanagement. Ein Handbuch für Führungskräfte, Beraterinnen und Berater, 2009.

Grieb, Gerhard; Nast, Thomas: Das 4-Zimmer-Modell, 2010.

Harris, Thomas Anthony: I'm ok – You're ok. A Practical Guide to Transactional Analysis, 1963.

Hersey, Paul; Blanchard, Kenneth: Management of Organizational Behavior, 4. Auflage, 1982.

Janssen, Claes F.: The Four Rooms of Change nach Colin Wilson, 1996.

Jungk, Robert: Die Zukunft hat schon begonnen. Entmenschlichung – Gefahr unserer Zivilisation, 1952.

Kabat-Zinn, Jon: Achtsamkeit für Anfänger, 2009.
Kaplan, Robert S.; Norton, David P.: Balanced scorecard – Unternehmen erfolgreich steuern, 2009.
Krause, Han-Ulrich; Arora, Dayanand: Controlling-Kennzahlen – Key Performance Indicators, 2008.
Kübler-Ross, Elisabeth: Interviews mit Sterbenden, 2001.
Luft, Joseph; Ingham, Harry: Johari Window. The Model, online.
Malik, Fredmund: Führen – Leisten – Leben. Wirksames Management für eine neue Zeit, 2000.
Moeller, Michael Lukas: Die Wahrheit beginnt zu zweit. Das Paar im Gespräch, 2010.
Norman, Harry: SF Reflecting Teams in Action, O&P No4, 2003.
Owen, Harrison: Open Space Technology – Ein Leitfaden für die Praxis, 2001.
Petzold, Hilarion Gottfried: Identität, 2012.
Rogers, Carl: Psychotherapie aus der Sicht eines Therapeuten, übers. von Jacqueline Giere, 13. Auflage, 2000.
Rosas Stewart, Debbie: The Nia Technique Book, 2005.
Rosenberg, Jack Lee: Körper, Selbst und Seele. Ein Weg zur Integration, 1996.
Rosenberg, Marshall B.: Gewaltfreie Kommunikation, eine Sprache des Lebens, 2009.
Ruch; Zimbardo: Lehrbuch der Psychologie. Eine Einführung für Studenten der Psychologie, Medizin und Pädagogik, 1974.
Rüegg-Stürm, Johannes; Grand, Simon: Das St. Galler Management-Modell: 4. Generation – Einführung, 2004.
Schnarch, David Morris: Intimität und Verlangen – Sexuelle Leidenschaft in dauerhaften Beziehungen, 2013.
Schulz von Thun, Friedemann: Miteinander reden 1 – Störungen und Klärungen. Allgemeine Psychologie der Kommunikation, 1981.
Schulz von Thun, Friedemann: Miteinander reden: Fragen und Antworten, 2007.
Senge, Peter M.: Die fünfte Disziplin: Kunst und Praxis der lernenden Organisation, 11. Auflage, 2011.

Watzlawick, Paul; Beavin, Janet H.; Jackson, Don D.: Menschliche Kommunikation. Formen, Störungen, Paradoxien, 2000.
Weisbord, Marvin; Janoff, Sandra: Future Search – Die Zukunftskonferenz, 2008.
Whitmore, Sir John: Coaching for performance: GROWing human potential and purpose: the principles and practice of coaching and leadership. People skills for professionals, 4. Auflage, 2009.

Die Ausführungen zum Modell Circle of Influence (S. 119 f.) stammen von Dorriet Müller Meyer, mpw Beratungsteam AG – herzlichen Dank dafür.